INTRODUÇÃO À ENGENHARIA

UMA ABORDAGEM BASEADA EM
ENSINO POR COMPETÊNCIAS

CB040402

Grupo
Editorial
Nacional

O GEN | Grupo Editorial Nacional – maior plataforma editorial brasileira no segmento científico, técnico e profissional – publica conteúdos nas áreas de ciências exatas, humanas, jurídicas, da saúde e sociais aplicadas, além de prover serviços direcionados à educação continuada e à preparação para concursos.

As editoras que integram o GEN, das mais respeitadas no mercado editorial, construíram catálogos inigualáveis, com obras decisivas para a formação acadêmica e o aperfeiçoamento de várias gerações de profissionais e estudantes, tendo se tornado sinônimo de qualidade e seriedade.

A missão do GEN e dos núcleos de conteúdo que o compõem é prover a melhor informação científica e distribuí-la de maneira flexível e conveniente, a preços justos, gerando benefícios e servindo a autores, docentes, livreiros, funcionários, colaboradores e acionistas.

Nosso comportamento ético incondicional e nossa responsabilidade social e ambiental são reforçados pela natureza educacional de nossa atividade e dão sustentabilidade ao crescimento contínuo e à rentabilidade do grupo.

JOSÉ ROBERTO **CARDOSO**
JOSÉ AQUILES BAESSO **GRIMONI**

INTRODUÇÃO À ENGENHARIA

UMA ABORDAGEM BASEADA EM ENSINO POR COMPETÊNCIAS

gen | LTC

ABENGE
Associação Brasileira de Educação em Engenharia

- Direitos exclusivos para a língua portuguesa
Copyright © 2021 by
LTC | Livros Técnicos e Científicos Editora Ltda.
Uma editora integrante do GEN | Grupo Editorial Nacional
Travessa do Ouvidor, 11
Rio de Janeiro – RJ – 20040-040
www.grupogen.com.br

- Capa: Leonidas Leite

- Imagem de capa: Pedro Luis Nogueira Junior

- Editoração eletrônica: Anthares

- Ficha catalográfica

CIP-BRASIL. CATALOGAÇÃO NA PUBLICAÇÃO
SINDICATO NACIONAL DOS EDITORES DE LIVROS, RJ

C263i

    Cardoso, José Roberto
    Introdução à engenharia : uma abordagem baseada em ensino por competências / José Roberto Cardoso, José Aquiles Baesso Grimoni. - 1. ed. - Rio de Janeiro : LTC, 2021.

    Apêndice
    Inclui bibliografia e índice
    ISBN 978-85-216-3757-8

1. Engenharia - Estudo e ensino. 2. Educação baseada na competência. 3. Engenheiros - Formação. I. Grimoni, José Aquiles Baesso. II. Título.

21-71540	CDD: 620.007
	CDU: 62(075.8)

Meri Gleice Rodrigues de Souza - Bibliotecária - CRB-7/6439

Às nossas esposas.

Sobre os Autores

José Roberto Cardoso é professor da Escola Politécnica da Universidade de São Paulo (Poli-USP) desde 1976. Publicou três livros, sendo dois deles em língua inglesa. Foi orientador de 40 teses/dissertações e publicou mais de 70 artigos em revistas científicas. É presidente da Sociedade Brasileira de Eletromagnetismo (SBMAG) e coordenador do Laboratório de Eletromagnetismo Aplicado (LMAG) e do Global Institute for Peace (GLIP) da Universidade de São Paulo (USP). Foi diretor da Poli-USP no período de 2010 a 2014. É membro atuante de conselhos nacionais e internacionais de diversas instituições ligadas à engenharia.

José Aquiles Baesso Grimoni é doutor pela Escola Politécnica da USP (Poli-USP). Trabalhou em empresas como Aseabras, Companhia Energética de São Paulo (CESP), Brown Boveri Company (BBC), atual Asea Brown Boveri (ABB) e Fundação para o Desenvolvimento Tecnológico da Engenharia (FDTE). É professor de graduação e de pós-graduação na Poli-USP. Possui 40 anos de experiência na condução de projetos de consultoria em várias áreas da engenharia de energia elétrica, em diversos setores e temas, envolvendo planejamento energético, conservação e uso racional de energia, e em eficiência energética, geração, transmissão e distribuição de energia elétrica. Atua em vários projetos do Programa de Pesquisa e Desenvolvimento da Agência Nacional de Energia Elétrica (P&D da ANEEL) em empresas do setor de energia elétrica. Foi vice-diretor, no período de 2003 a 2007, e diretor, no período de 2008 a 2011, do antigo Instituto de Eletrotécnica e Energia da USP, atualmente Instituto de Energia e Ambiente (IEE/USP). Desde 2015, é supervisor do Programa Permanente para o Uso Eficiente dos Recursos Hídricos e Energéticos na Universidade de São Paulo (PUERHE-USP) e vice-diretor da Fundação de Apoio à USP (FUSP). Participou de congressos nacionais e internacionais na área de energia elétrica. Possui mais de 200 artigos publicados e é autor e coautor de diversos livros.

Apresentação

A causa a que devotei boa parte de minha vida não prosperou. Eu espero que isto me tenha transformado em um historiador melhor, já que a melhor história é escrita por aqueles que perderam algo. Os vencedores pensam que a história terminou bem porque eles estavam certos, ao passo que os perdedores perguntam por que foi tudo diferente, e esta é uma questão muito mais relevante.

Eric Hobsbawn

A disciplina Introdução à Engenharia foi proposta e inserida na estrutura curricular dos cursos de engenharia, na década de 1970, inspirada no livro *An introduction to engineering and engineering design*, de Edward V. Krick, publicado em 1969.

A engenharia praticada naquela época, era muito diferente da praticada em nossos dias, o que obrigou a disciplina a sofrer grandes mudanças, sobretudo após a virada do século.

Podemos afirmar que, até o final do século XX, em função das características dos cursos, o engenheiro era formado com forte conteúdo de disciplinas técnicas e com uma formação não prioritária em disciplinas de formação humanística, que discutiam, principalmente, a importância do impacto e do relacionamento da engenharia na sociedade, em razão de transformações que ocorreram no final do século XX e início do século XXI.

As consequências foram várias. A primeira, que julgamos relevante, foi a caracterização da postura passiva de nossos engenheiros, pois bastava ao profissional ter disposição para obedecer e capacidade de entender instruções, e sua trajetória como engenheiro estava garantida.

Outrossim, o enfoque do núcleo duro do curso não era destinado a formar um profissional empreendedor e criativo. Nossos estudantes foram formados, por décadas, para buscar emprego em grandes empresas, se possível, em estatais – e a cumprir ordens oriundas da chefia. O estímulo para que criassem suas empresas era nulo, e profissionais que refletissem e questionassem ordens e normas não eram bem-vistos.

A deficiência de formação em humanidades é apontada como uma das razões da dificuldade dos engenheiros em redigir e apresentar textos claros e coerentes, o que, por vezes, produzia relatórios técnicos de compreensão duvidosa, gerando retrabalho. As apresentações eram sofríveis, em razão da grande dificuldade de se comunicar e expressar suas opiniões em público.

A ausência dessas competências foi identificada pelo setor produtivo, pois impactaram a produtividade e a competitividade das empresas. A dúvida maior situava-se no efeito que poderia causar às empresas do País no futuro se fosse mantido esse tipo de formação, podendo, inclusive, comprometer a recuperação de nossos fracos indicadores globais de inovação e competitividade.

Iniciou-se então, no século XXI, um esforço concentrado do Ministério da Educação (MEC), por meio do Conselho Nacional de Educação (CNE) e outras instituições – como a Associação Brasileira de Educação em Engenharia (Abenge), a Mobilização Empresarial pela Inovação/Confederação Nacional da Indústria (MEI/CNI), além do complexo Confea/CREA (Conselho Federal de Engenharia e Agronomia/Conselho Regional de Engenharia e Agronomia) – para identificar as competências a serem agregadas ao egresso, de modo a atender às exigências dos diversos setores da sociedade que contratam engenheiros, bem como para enfrentar a concorrência internacional, cada vez mais dominada pelos países asiáticos.

Foram disparadas dezenas de pesquisas junto a empresários, profissionais liberais, agências governamentais e academia, para identificar os atributos do engenheiro deste século.

São esses atributos que discutiremos neste livro, cujo objetivo principal é praticá-los com os estudantes no primeiro momento em que entram na sala de aula do seu curso de engenharia, na esperança de que esta prática possa se estender até o final do curso.

O Capítulo 1 apresenta ao estudante a profissão que ele abraçou, dando ênfase à sua importância para o desenvolvimento do País e mostrando as oportunidades de realização profissional. No Capítulo 2, são identificados os passos que devem ser seguidos no desenvolvimento de produtos ou sistemas. São relatados, também, exemplos emblemáticos da engenharia, que são úteis para consolidar o aprendizado, mas também como contexto histórico da evolução da tecnologia.

A importância de ter a "mente aberta" na engenharia é destacada no Capítulo 3. O texto destaca que a especialização deixou de ser a "menina dos olhos" da engenharia, pois agora a multidisciplinaridade passou a ser mandatória no exercício da profissão. Prepare-se bem, pois projetos sob sua responsabilidade envolverão saberes de várias áreas, sobretudo o conceito da sustentabilidade, que envolve o tripé técnico-econômico, social e ambiental, como detalhado no Capítulo 4.

A comunicação é o destaque do Capítulo 5. Estude com atenção o capítulo, pois um engenheiro que não sabe se comunicar não consegue convencer seus pares da importância de suas ideias. Falar bem, escrever bem e saber fazer uma boa apresentação é a chave para o sucesso de qualquer profissional.

A ética na engenharia, como discutida no Capítulo 6, é mandatória, e praticá-la exige atenção, cuidado e boa formação. Entenda que praticar a ética em toda sua extensão fará de você um ser humano melhor e nosso planeta um lugar melhor para se viver. A importância das normas e órgãos reguladores também é explorada no capítulo.

Prepare-se para enfrentar uma entrevista de um processo seletivo de emprego lendo com atenção as orientações expressas no Capítulo 7, visto que seu entrevistador poderá ser uma Inteligência Artificial (IA), no lugar de um ser humano. Você verá que o engenheiro de nosso tempo não deve sair da escola apenas com a disposição de obedecer a ordens. O poder do raciocínio crítico e reflexivo, que o leva a mostrar suas reais competências, coincide com os requisitos exigidos pelo posto de trabalho que procura.

O Capítulo 8 busca mostrar ao estudante uma poderosa ferramenta: saber controlar suas emoções. A empatia, habilidade de ver as coisas sob a visão de seu interlocutor, e a flexibilidade, que agrega confiança no seu desempenho, são apenas duas das mais cobiçadas competências que as empresas buscam em seus colaboradores. A inteligência emocional é considerada, também, a chave do sucesso de empresas "unicórnios". Se você pretende ser inovador em sua profissão e deseja criar sua *startup*, comece a praticá-la desde já.

Saber como trabalhar em equipe é algo que também deve ser estudado. O Capítulo 9 discutirá essa temática. Trabalhar em equipe é bem diferente daquele trabalho em grupo da escola, à medida que muitos outros atributos são exigidos para que você seja membro importante do time e possa se destacar para assumir a liderança.

O Capítulo 10 dá o último toque necessário para o estudante encarar o desafio do curso, a partir de uma orientação de como os problemas devem ser "enxergados". Os projetos de engenharia atuais são cada vez mais complexos e compreendem várias partes. No entanto, essas partes interagem, de modo que o engenheiro precisa ter o panorama completo deste organismo complexo, mediante uma visão sistêmica qualificada.

Isso é um resumo do que você encontrará ao passar para a próxima página. Asseguramos que, se o estudante se envolver nesse clima, seu curso de engenharia será bem mais agradável a ponto de despertar uma paixão incontrolável pela profissão.

São Paulo, janeiro de 2021.

José Roberto Cardoso
José Aquiles Baesso Grimoni

Prefácio

Com imensa satisfação e alegria, recebi o convite de elaboração do Prefácio para o livro *Introdução à Engenharia | Uma abordagem baseada em ensino por competências*, de autoria do Prof. Dr. José Roberto Cardoso e Prof. Dr. José Aquiles Baesso Grimoni.

A consistente formação dos professores em suas carreiras docentes e a dedicação de ambos na valorização da formação de engenheiros os qualificam para a imensa contribuição que este livro pode dar para os estudantes de engenharia.

O momento é de muitos desafios, que se fazem presentes na transformação tecnológica do século XXI, denominada Quarta Revolução Industrial ou, simplesmente, Economia 4.0.

Essa revolução é uma realidade no nosso cotidiano, e precisamos das bases sólidas da engenharia para a inovação nas atitudes que nos é cobrada nesse momento.

O currículo individual dos autores os credencia para essa missão. São décadas de dedicação ao ensino e à pesquisa, buscando o que existe de melhor na educação em engenharia, dentro e fora do Brasil.

O livro possui um conjunto de capítulos, nos quais os autores se dedicaram a temas essenciais para que o leitor adquira visão sistêmica dos conhecimentos, tão necessários para o entendimento da engenharia e os elementos comportamentais que devem fazer parte da formação do engenheiro.

Engenharia e ser engenheiro pode parecer algo trivial para pessoas que não tiveram oportunidade de conhecer os verdadeiros propósitos da profissão, observados ao longo do histórico da humanidade.

A engenharia *foi, é* e *será* muito importante nas soluções para a melhoria da qualidade de vida dos habitantes do nosso planeta Terra. Conhecê-la melhor somente facilitará o bem-estar de todos.

Os autores iniciam a narrativa fornecendo informações sobre a engenharia, conceitos, história e fundamentos. Essencial para o entendimento do ponto de partida e sustentação das ações no presente e no futuro.

No Capítulo 2, são apresentados os principais passos que, normalmente, norteiam o engenheiro nos empreendimentos de engenharia.

No melhor do entendimento atual, visando à tomada de decisão mais qualificada na engenharia, os autores dedicam o Capítulo 3 para informações sobre a questão da multidisciplinaridade e visão sistêmica.

Essas questões envolvem o engenheiro no ambiente atual das organizações. Nossa sociedade nunca foi tão conectada e as relações de causa-efeito tão intensas.

A demanda por soluções de engenharia que estejam alinhadas com o desenvolvimento sustentável é inegociável. O planeta não suporta mais atitudes desastrosas. A narrativa no Capítulo 4 perpassa por essa premissa. Equilíbrio entre os aspectos econômicos, sociais e ambientais são essenciais nas soluções de engenharia.

Avançando para os aspectos interpessoais e organizacionais, o engenheiro necessita de algumas competências nessa área, pois, afinal, fará propostas de soluções que envolverão pessoas e organizações. O Capítulo 5 é dedicado à comunicação. Bons projetos precisam ser bem comunicados para que sejam entendidos por todos os envolvidos e aqueles que irão se beneficiar dele.

A ética profissional e o respeito às normas no exercício da profissão fazem parte de todas as carreiras que servem à sociedade. No Capítulo 6, os autores descrevem os principais aspectos que norteiam as atividades profissionais de engenharia.

Dialogar com empregadores, clientes e fornecedores faz parte do cotidiano do engenheiro. Alinhar a comunicação com cada parte interessada, respeitando suas especificidades, é essencial. No Capítulo 7, os autores apresentam aspectos que devem ser observados nos processos de seleção, cada vez mais auxiliados por ferramentas de Inteligência Artificial (IA).

No campo das competências interpessoais recomendadas aos engenheiros, os autores destacaram duas que, sem nenhuma dúvida, são essenciais: inteligência emocional e trabalho em equipe. Cada uma delas está abordada nos Capítulos 8 e 9, respectivamente.

A sociedade atual exige a capacidade de ter flexibilidade nas decisões e profunda adaptação à dinâmica social do ambiente em que estamos inseridos como pessoa e profissional. Requisitos mínimos para que os objetivos de projeto possam ser alcançados.

No escopo dos propósitos de um projeto de engenharia, esse projeto raramente será executado apenas por um indivíduo. Portanto, é natural que o engenheiro desenvolva seu trabalho com equipe multidisciplinar, composta por profissionais de outras áreas do conhecimento.

Por último, e não menos importante, no Capítulo 10, os autores apresentam os aspectos da visão sistêmica para ser um bom engenheiro. Os grandes avanços tecnológicos conquistados nas duas primeiras décadas do século XXI já nos permite ter uma certeza: nosso passado pouco ajudará na busca de soluções, que teremos que projetar para o amanhã.

O conhecimento acumulado até o presente momento será muito importante para estimular a busca de conhecimentos novos, que sejam vetores para soluções inovadoras, pois soluções prontas do passado podem não ser adequadas ao atual ambiente social e organizacional.

Desejando que o leitor obtenha muito sucesso profissional, a partir de todo conhecimento do Prof. Cardoso e do Prof. Aquiles, parabenizo a todos que não mediram esforços para que este livro se materializasse.

Que seja muito útil para a formação de "mais e melhores engenheiros" de que o Brasil tanto precisa.

Vagner Cavenaghi
Diretor Administrativo da ABENGE –
Associação Brasileira de Educação em Engenharia
Diretor da E2D 500 Engenharia Educação Digital
Diretor da Escola Superior de
Tecnologia & Gestão – EST&G

Agradecimentos

Começamos agradecendo à diretoria da Abenge, em nome do seu atual presidente, Prof. Vanderli Fava de Oliveira, pelas diversas oportunidades que nos foram dadas para participar e contribuir com a elaboração, a aprovação e a participação da comissão nacional de implantação das novas Diretrizes Curriculares de Engenharia (DCN), aprovadas em 2019, fonte inspiradora para a elaboração deste livro.

Não poderíamos deixar de externar nossa gratidão ao CNE/MEC, em nome do Prof. Luiz Roberto Cury, e ao complexo Confea/CREA, em nome do Prof. Osmar Barros Junior, que foram organizações importantes na elaboração das DCN das engenharias e nos trouxeram a visão do Ministério da Educação e dos órgãos que cuidam das atribuições profissionais.

Agradecemos à CNI/MEI, em nome da Gianna Sagazio e Idenilza Moreira de Miranda, da Diretoria de Inovação da CNI, pelas oportunidades de participar dos grupos de trabalho de STEAM e de Relações Universidade-Empresas. Em 2020, foram realizados vários eventos remotos, com apresentações de várias escolas de engenharia acerca da implementação das DCN e, também, de empresas sobre seu relacionamento com a universidade, as quais nos forneceram ricos subsídios para a elaboração do livro.

Nosso especial agradecimento às diversas escolas de engenharia públicas e privadas, suas diretorias e seus docentes, que participaram dos diversos fóruns que discutiram as novas DCN e que apresentaram e compartilharam os seus projetos de implementação.

Agradecemos aos docentes da Escola Politécnica da USP e, em particular, à diretora a Profa. Liedi Legi Bariani Bernucci, pelo constante apoio e suporte a este projeto.

Por fim, agradecemos aos nossos alunos, que são a principal fonte de motivação e razão de nossa atuação profissional como professores de engenharia.

São Paulo, janeiro de 2021.

José Roberto Cardoso
José Aquiles Baesso Grimoni

Material Suplementar

Este livro conta com os seguintes materiais suplementares:

Para todos os leitores:
- Videaoulas para cada capítulo (requer PIN).

Para docentes:
- Planos de aula (.pdf) (restritos a docentes cadastrados).

Os professores terão acesso a todos os materiais relacionados acima (para leitores e restritos a docentes). Basta estarem cadastrados no GEN.

O acesso ao material suplementar é gratuito. Basta que o leitor se cadastre em nosso *site* (www.grupogen.com.br), clique no *menu* superior do lado direito e, após, em GEN-IO. Em seguida, clique no *menu* retrátil ☰ e insira o código (PIN) de acesso localizado na orelha deste livro.

O acesso ao material suplementar online fica disponível até seis meses após a edição do livro ser retirada do mercado.

Caso haja alguma mudança no sistema ou dificuldade de acesso, entre em contato conosco (gendigital@grupogen.com.br).

GEN-IO (GEN | Informação Online) é o ambiente virtual de aprendizagem do GEN | Grupo Editorial Nacional

Sumário

1

Engenharia: Conceitos, História e Fundamentos

EVOLUÇÃO DAS BICICLETAS

1810
PÉS NO CHÃO

1820 a 1850
IMPULSÃO

1860
VELOCÍPEDES

1870
RODA GIGANTE

1880
O PNEU

1890
EVOLUÇÃO DO DESIGN

1910 a 1940
DINÂMICA

1950
MOUNTAIN BIKE

1960
DIVERSIDADE

1970
ANOS DE OURO

1990
PERFORMANCE

2010
NA BAGAGEM

O que eu ouço, eu esqueço.
O que eu vejo, eu lembro.
O que eu faço, eu entendo.
Confúcio

Boas-vindas ao curso de engenharia

Meus parabéns, você é um vencedor. Você acabou de ingressar em um curso que lhe permitirá ter uma formação ampla e que abrirá muitas oportunidades de emprego e de sucesso. Se você tiver espírito inovador, poderá desenvolver produtos ou serviços, que lhe permitirão implantar um negócio viável e, assim, abrir uma empresa que necessitará de colaboradores, ou seja, em vez de procurar um emprego você oferecerá oportunidades e contratará pessoas.

Para a maioria dos alunos, o caminho foi árduo para chegar até aqui: muito esforço, várias horas de estudo e de dedicação. Em muitos casos, um ano ou mais de privações de diversões e foco no estudo de diferentes disciplinas para estar pronto para realizar e ser aprovado nas provas de vestibulares de várias instituições.

O primeiro ano e o curso de engenharia

Os cursos de engenharia assumem que o ingressante é um adulto com capacidade organizativa e que sabe otimizar seu tempo, priorizando as atividades em sala de aula/laboratórios, aulas de estudo e realização de trabalhos e tarefas, não raramente renunciando a horas de lazer.

O aluno deve criar laços de amizade e de cooperação com os colegas para poder construir um espírito de turma, que o acompanhará durante a graduação e, futuramente, na vida profissional. Uma boa relação com os veteranos também é importante, pois eles podem mostrar caminhos mais fáceis e dar dicas de como enfrentar problemas. O respeito e o bom relacionamento com os docentes são essenciais para entender melhor o andamento das disciplinas e obter informações importantes para ter um bom desempenho.

O bom relacionamento com os funcionários administrativos e técnicos de laboratórios também facilita a vida no ambiente escolar, pois eles podem esclarecer dúvidas e mostrar caminhos mais eficientes em diversas situações que você passará.

Os cursos de engenharia são exigentes quanto às cobranças de trabalhos e dedicação aos estudos nas avaliações. Três coisas são muito importantes: trabalho duro e dedicado, trabalho inteligente e atitude positiva, mesmo em condições adversas. Os alunos não devem deixar as adversidades vencê-los. Em geral, o sucesso vem com 95 % de transpiração e 5 % de inspiração. Logicamente, há alunos que têm mais facilidade de aprendizado, mas esse número é pequeno. Se tiver problemas, procure ajuda, as escolas têm comissões de acolhimento socioeconômico e psicopedagógico. Faça amigos para compartilhar vitórias e pedir ajuda, conversar e discutir sobre problemas. Algumas amizades construídas na graduação permanecem para a vida toda. A formação de redes de conhecimento e de amizade ajudam a desenvolver boa vida acadêmica e profissional.

É comum algumas escolas concorridas exigirem em seus processos de ingresso que o ingressante tenha vida acadêmica exemplar, muitas vezes sendo o melhor ou estar entre os melhores alunos de sua escola no ensino médio e fundamental. Assim, quando ele entra na escola de engenharia, encontrará alunos com desempenho e dedicação similares aos dele ou até superiores, que podem causar impactos psicológicos e problemas de autoestima e levar a um conjunto de condições associadas ao rebaixamento do humor, como depressão, por exemplo. Por isso, as escolas devem oferecer apoio psicopedagógico para detectar esses casos e, então, encaminhá-los para tratamento especializado.

Algumas escolas de engenharia têm disciplinas-chave no primeiro período do primeiro ano, que podem dificultar o avanço no curso, se o aluno tiver uma reprovação, já que são pré-requisitos de disciplinas posteriores na estrutura curricular. É importante que o aluno tenha acesso ao projeto pedagógico do curso (PPC) e ao encadeamento das disciplinas, para detectar aquelas que têm essa exigência.

Frequentemente, em cursos de engenharia, há disciplinas de formação de ciências básicas de matemática, física e química nos primeiros anos, muitas fazendo parte de uma sequência que podem chegar até o segundo ano.

À medida que o aluno avança no curso, ele constrói sua trajetória, que pode ser afetada por opções livres ou reprovações, obrigando o aluno a rever passos futuros para incluir nos semestres seguintes as disciplinas que ele não conseguiu aprovação, o que acaba aumentando o tempo de titulação. Muitas escolas públicas estabelecem um tempo limitado de estada do aluno na escola e, após esse tempo, é desligado. Outra forma de desligamento pode estar associada ao desempenho por período ou acumulado, limitando o número de reprovações.

No início de cada período, o aluno deve planejar metas claras, para atingi-las no curto, médio e longo prazos. Estas metas podem ser revistas período a período, dependendo do desempenho.

Alguns alunos, quando entram no curso de engenharia, já conseguem ter uma visão do que farão nos próximos anos. Por exemplo, alguns planejam participar de intercâmbio internacional e já começam a aprender a língua do país que pretendem ir, outros têm visão empreendedora e buscam atividades dentro da escola (disciplinas, atividades de extensão etc.) que facilitem esta trajetória.

O Quadro 1.1 mostra a comparação de postura de pessoas com mentalidade tradicional e com mentalidade de sucesso para várias questões.

Duração dos cursos

A carga horária nos cursos de engenharia no Brasil é considerada excessiva. A legislação brasileira fala em, no mínimo, 3600 horas de aulas, mas alguns cursos têm mais de 4000 horas, com alguns chegando a 5000 horas, o que, em um curso de dez semestres, resulta em 400-500 horas por período, em média. No conceito de créditos aula de 15 horas, implica um curso com 28 créditos por período, em média.

Quadro 1.1 Comparação de posturas de uma pessoa com mentalidade tradicional e uma com mentalidade de sucesso

	Mentalidade tradicional	Mentalidade de sucesso
Mudanças	Evita desafios, fica limitado ao que sabe	Abraça desafios; ultrapassar desafios o torna forte e inteligente
Obstáculos	Desiste facilmente quando encontra desafios	Insiste em caso de algum revés, os erros são oportunidades de aprendizagem
Esforço	Enxerga esforço como algo não prazeroso e sem retorno	Enxerga o esforço como caminho de crescimento e aprendizado
Críticas	Ignora críticas, vê retornos como insultos	Espera retorno e aprende com a crítica
Sucessos de outros	Sente-se ameaçado pelo sucesso de outros	O sucesso de outros podem ser fonte de inspiração e aulas

Fonte: traduzido e adaptado do livro *Studying engineering a road map to rewarding career*, de Raymond B. Landis (2013).[1]

As escolas norte-americanas, por exemplo, trabalham com aulas magnas ministradas por professores seniores com turmas grandes, e com turmas menores conduzidas por auxiliares (*Teaching Assistants* – TA) organizando aulas de exercícios, projetos e atividades práticas e de laboratório. Esse modelo, em sua maioria, acaba reduzindo o número de aulas expositivas a um número menor que 20 horas por semana.

Na Comunidade Europeia, o Acordo de Bolonha, em 1999, criou o conceito de ECTS (*European Credit Transfer and Accumulation System*) para facilitar a leitura e comparação dos programas de aprendizagem dos diferentes países-membros, viabilizando a mobilidade entre esses países e a validação de créditos, incluindo nesse conceito horas de sala de aula e horas de atividades de trabalho, fora de sala de aula.

O aluno que opta por cursos de engenharia em geral é aquele que tem facilidade e interesse por ciências, principalmente física, química e matemática. Com o desenvolvimento da computação no século XX, surgiram muitos estudantes com interesse nesta área, principalmente em jogos e aplicativos.

As novas gerações que estão chegando nas universidades são nativas digitais e têm uma relação com as tecnologias de informação e comunicação como nunca antes visto. Por essa razão, necessitam ser estudadas, pois exigirão mudança radical nos processos de ensino e aprendizagem da pré-escola à pós-graduação.

A engenharia apoiando outras profissões

A engenharia e a tecnologia têm desenvolvido equipamentos e sistemas que permitem ampliar a capacidade de medir e controlar equipamentos e processos. Uma das áreas que têm sido agraciadas com esses sistemas é a área de saúde. Portanto, é importante que o aluno de engenharia de hoje tenha noções de biologia para entender como a engenharia pode auxiliar não só no entendimento dos seres vivos, como plantas e animais, mas também os profissionais que trabalham nesta área no sentido de melhorar a qualidade de vida desses seres e ampliar as possibilidades de ajudá-los em situações de acidentes e enfermidades, prolongando suas vidas, quando possível e necessário.

No caso do agronegócio, por exemplo, a engenharia tem ajudado a combater pragas e doenças que afetam animais e plantas, e permitido aumentar a produtividade e a qualidade de plantações e de rebanhos de animais, que atendem demandas de consumo para alimentação humana.

A engenharia tem se tornado parceira essencial no desenvolvimento de equipamentos, remédios e materiais na área médica para ajudar a combater e minimizar os efeitos de diversos tipos de doenças e enfermidades e em situações de catástrofes causadas pela natureza, tais como terremotos, maremotos, ou pelo homem, como em guerras, incêndios etc.

A natureza, nos seus milhões de anos de evolução, tem desenvolvido soluções interessantes para vários problemas, seja no mundo vegetal, no mundo animal ou no mundo mineral, e alguns pesquisadores têm coletado e desenvolvido modelos para entender essas soluções e adaptá-las em problemas que afetam a raça humana. Esta nova ciência é chamada por muitos de biometismo ou biomimética ou biônica.[2,3,4,5,6,7,8] Muitas dessas soluções são inspiradas em formas e formatos da natureza, como estruturas e materiais desenvolvidos por animais e plantas, até em comportamentos organizados e inteligentes de alguns coletivos de animais, como os enxames de abelhas e colônias de formigas.

Várias escolas de engenharia têm ministrado disciplinas de biologia para engenheiros,[2,3,4,5,6,7,8] que abordam esses temas. Já existem alguns livros e muitos artigos em congressos e revistas que também discutem essa temática de forma acadêmica e divulgam resultados de pesquisas nesta área, permitindo que outras escolas de engenharia possam implementar disciplinas e iniciar grupos de pesquisas.

Alguns conteúdos e disciplinas têm sido, historicamente, considerados como o conjunto das ciências básicas da engenharia, ou seja, é um conjunto de conhecimentos que deveriam ser dominados por qualquer tipo ou especialização de engenheiro. Podemos elencar algumas dessas disciplinas e conteúdos encontrados em diversos programas de escolas de engenharia:

- Química Tecnológica Geral.
- Ciências e Engenharia de Materiais.
- Mecânica Geral.
- Resistência dos Materiais e de Estruturas.
- Ciências Térmicas e Termodinâmica.
- Fenômenos de Transporte e Mecânica dos Fluidos.
- Eletricidade Básica.

Outros conteúdos básicos são considerados comuns à formação de engenheiros, como:

- Computação de Ciência de Dados.
- Probabilidade e Estatística.
- Economia, Contabilidade e Administração.

- Ciências Ambientais.
- Direito.

Temos, ainda, várias escolas que complementam a formação dos engenheiros com conteúdos sobre:

- Sociologia e Filosofia.
- Ética da Engenharia.
- Metrologia.
- Normas e Certificação.
- Segurança do Trabalho.

Alguns livros de cálculo e álgebra linear foram escritos para tentar, a partir de aplicações, resolver problemas, apresentar e desenvolver os conteúdos de cálculo e álgebra linear de maneira mais motivante.

A engenharia

O homem da caverna, quando dominou o fogo e começou a desenvolver armas e utensílios, já estava "engenheirando", ou seja, conseguiu desenvolver um processo para produzir fogo manualmente, esfregando gravetos, e com o calor gerado conseguiu uma chama inicial na palha, atendendo, assim, suas necessidades de aquecimento e de cozimento da carne oriunda de sua caça, ou de legumes coletados na natureza.

A palavra engenharia tem origem no latim *ingenium*, que significa "produzir ou gerar talento ou qualidade nata" e da raiz *gignere*, que significa "produzir, gerar". O termo ficou, inicialmente, muito ligado à área militar em razão do desenvolvimento de engenhos militares, principalmente na época do império romano, que produziu um conjunto de armas e dispositivos de guerra e também construiu estradas e aquedutos para fornecer água às cidades.

Mais tarde, surgiu o engenheiro civil, que aplicava sua capacidade de descobrir soluções práticas para as cidades. A partir da Segunda Revolução Industrial, no século XVIII, com o aparecimento da eletricidade, e do petróleo, no final do século

XIX, surgem as engenharias elétrica e química e fortalece-se a engenharia mecânica com o conceito de engenharia industrial, de modo que, em meados do século XX, desponta a engenharia de produção.

Engenharia pode ser definida como a aplicação do conhecimento científico, econômico, social e prático, com o objetivo de criar, inventar, desenhar, construir, manter e melhorar produtos e processos, por meio de recursos materiais e energias da natureza, de modo a atender demandas para melhorar a qualidade de vida da sociedade.

As escolas devem apresentar em seus projetos pedagógicos de cursos qual é o perfil do engenheiro que querem formar, engenheiros projetistas, de construção, de operação e manutenção de sistemas, de gestão, pesquisadores e engenheiros de concepção e de inovação. Estas também concedem diplomas reconhecidos pelos Ministério da Educação e Secretarias Estaduais de Educação, ao passo que a rede Confea/CREA dá as atribuições profissionais e regula a profissão, além de emitir Atestados de Responsabilidade Técnica (ART) de projetos. Erros de engenharia também estão sujeitos à punição destas instituições.

Em alguns países e regiões, foram criadas entidades que fazem a acreditação de cursos de engenharia como a Accreditation Board for Engineering and Technology (ABET), nos Estados Unidos, e a EUR-ACE, na Comunidade Europeia. Este modelo tem sido aplicado em outros países para atestar a qualificação de seus cursos.

As áreas da engenharia têm se multiplicado, não só em modalidades, mas também em ênfases; inicialmente, eram os engenheiros militares, depois surgiram os engenheiros civis e os industriais (eletricistas, mecânicos e químicos). Hoje, no Brasil, temos mais de 100 tipos de engenharia diferentes, o que dificulta o estabelecimento das atribuições profissionais dadas pela rede Confea/CREA, que acaba, com frequência, limitando o mercado de trabalho e levando à superposição de atuações, como é o caso dos conflitos entre engenharia civil e arquitetura, engenharia de minas e geologia, engenharia química e química.

No Quadro 1.2, estão listadas as habilitações do curso de engenharia que existem no Brasil, relação produzida por Vanderli Fava de Oliveira a partir de dados do MEC, base novembro de 2018.

Quadro 1.2 Habilitações ou áreas do curso de engenharia

Acústica	Computacional	Metalúrgica
Aeroespacial	Comunicações	Minas
Aeronáutica	Controle e Automação	Mobilidade
Agrícola	Elétrica	Naval
Agroindustrial	Eletrônica	Nuclear
Agronegócios	Energia	Pesca
Agronômica	Engenharia	Petróleo
Alimentos	Ferroviária	Produção
Ambiental	Física	Química
Aquicultura	Florestal	Sanitária
Automotiva	Fortificação e Construção	Saúde
Bioenergética	Geológica	Segurança no Trabalho
Biomédica	Hídrica	Serviços
Bioprocessos	Industrial	Sistemas
Bioquímica	Informação	*Software*
Biossistemas	Inovação	Tecnologia Assistiva
Cartográfica	Manufatura	Telecomunicações
Cerâmica	Materiais	Têxtil
Civil	Mecânica	Transportes
Computação	Mecatrônica	Urbana

Fonte: organizado por Vanderli Fava de Oliveira. Base: dados https://emec.mec.gov.br/ (nov. 2018).

Em 2017, enquanto a Coreia do Sul, a Rússia, a Finlândia e a Áustria formavam mais de 20 engenheiros para cada 10 mil habitantes, e países como Portugal e Chile dispunham de cerca de

16, o Brasil titulava apenas 4,8 graduados em engenharia para o mesmo universo de pessoas.

Indicador similar para o número de doutores em engenharia também evidencia a frágil posição do Brasil no contexto internacional: temos entre quatro a seis vezes menos doutores em engenharia do que a maioria dos países europeus e cerca de um terço do registrado nos Estados Unidos.[9] Os dados, aliados a recorrentes reclamações relativas às dificuldades de contratação de bons profissionais em momentos de expansão da economia, motivaram preocupações quanto a uma possível escassez de engenheiros e ao risco de um apagão de mão de obra.

O número de formados por 10.000 habitantes/ano na Coreia do Sul foi de 29,1, na França 17,1, na Alemanha 13,1, no Japão 12,8, na China 8,3 e no Brasil quatro, em 2017.[9] Em 2019, no Brasil, titulamos 130.000 engenheiros em 200 milhões de habitantes, o que dá uma relação de 6,5 graduados por 10.000 habitantes. Esses dados mostram um pequeno crescimento deste indicador, no Brasil, embora ainda exista um grande potencial de crescimento em comparação com outros países. Um plano consistente e duradouro de crescimento da economia e retomada de investimentos – principalmente, nos eixos de infraestrutura como energia, água e saneamento, telecomunicação, transporte, saúde, educação, agropecuária e diversos setores da indústria, comércio e serviços – abrirá, com certeza, muitas vagas para engenheiros.

O jovem que opta pela engenharia tem mercado de trabalho abrangente, que não se restringe às indústrias, o que agrega grande possibilidade de sucesso profissional em futuro próximo. O setor financeiro tem sido um dos que mais absorvem engenheiros, devido, principalmente, ao perfil de formação e à flexibilidade desses profissionais.

Ciência

A palavra ciência vem do latim *scientia*, que significa **conhecimento**. No sentido mais específico da palavra, a ciência é o conhecimento que busca compreender verdades ou leis naturais para explicar o funcionamento das coisas e do universo, em geral. Os cientistas fazem observações, verificações, medições, análises e classificações.

As ciências se estruturaram de forma mais consistente à medida que o homem desenvolveu a escrita para registrar o conhecimento. Antes, o conhecimento era transmitido de forma oral, dos mais velhos e experientes para os mais novos. O grande avanço das ciências ocorreu no Renascimento com o desenvolvimento do método científico. O método científico é composto das seguintes etapas: observação, questionamentos, hipóteses, experimentação, análise de resultados e conclusão.

No século XVIII, aconteceu a Primeira Revolução Industrial, baseada no uso de máquinas a vapor e, principalmente, nas indústrias têxteis e no transporte por barcos e trens a vapor.

Uma Segunda Revolução Industrial se deu com a descoberta de como produzir, transmitir e utilizar a eletricidade e a exploração, o transporte, a transformação e o uso dos subprodutos do petróleo no século XX. Em face do desenvolvimento dos computadores e da informática, do aparecimento da internet e dos celulares, tivemos a Terceira Revolução Industrial, e hoje se fala na Indústria 4.0 em que a Internet das Coisas (*Internet of Things* – IoT) e o uso da Inteligência Artificial (IA) nos processos industriais (*machine learning*, *deep learning*, *data analytics*) ocupam espaços consideráveis na sociedade moderna.

Tecnologia

A palavra tecnologia tem origem no grego *tekhne*, que significa "técnica, arte, ofício", juntamente com o sufixo *logia*, que significa "estudo". As novas tecnologias são fruto do desenvolvimento alcançado pelo ser humano e têm papel fundamental no âmbito da **inovação**.

Os avanços da tecnologia provocam grande impacto na sociedade. A tecnologia resulta em inovações, que proporcionam melhor qualidade de vida, mas também trazem consigo questões sociais preocupantes, como o desemprego como resultado da substituição do homem pela máquina, ou a poluição ambiental, que exige contínuo e rigoroso controle e mitigação.

As mudanças tecnológicas podem ser incrementais ou disruptivas, ou seja, as incrementais trabalham com pequenos avanços dentro do mesmo paradigma, como, por exemplo, a evolução dos materiais isolantes utilizados nos enrolamentos dos motores elétricos, enquanto as disruptivas partem de novos paradigmas, como, por exemplo, as lâmpadas elétricas a LED em comparação com as incandescentes ou as fluorescentes compactas

Metodologia do projeto de engenharia

A metodologia do projeto de engenharia[28] é composta pelas seguintes etapas:

1. Reconhecer necessidades

Identificar o que gera insatisfação no uso de um produto ou processo. É muito importante observar o mundo ao seu redor para detectar estas insatisfações no dia a dia.

Problemas e insatisfações e a busca de necessidades da sociedade são fonte de inspiração de problemas a serem resolvidos. O próprio ambiente escolar, por exemplo, os *campi* universitários, podem ser um ambiente com potenciais problemas a serem resolvidos e podem permitir estruturar projetos para resolvê-los. A busca por melhorias de produtos e processos que já existem pode também constituir fonte de inspiração interessante.

2. Definição do problema

Esta é uma etapa importantíssima, pois, desde que entramos na escola, somos expostos a problemas prontos, que nos são apresentados por professores e livros. A elaboração do enunciado de um problema é uma arte a ser desenvolvida, sendo que, muitas vezes, enunciar o problema pode ser mais difícil do que solucioná-lo. A definição do problema deve explicitar a busca da solução do que foi detectado na primeira etapa, somada a insatisfações, frequentemente, priorizando uma ou um conjunto delas.

3. Propor alternativas de solução do problema

A definição de alternativas requer, por vezes, criatividade e adaptação da resolução de problemas semelhantes por analogia, ou somando e subtraindo variáveis e parâmetros.

Os *brainstorming* (tempestades cerebrais) são uma técnica eficiente de busca de alternativas de soluções, onde as equipes liberam totalmente as ideias sem qualquer inibição, amarras e policiamento, por mais absurdas que sejam, na busca de soluções. Com frequência, as soluções são totalmente disruptivas, ou seja, fora do universo de busca tradicional.

4. Avaliar as alternativas de solução

É importante refletir sobre as soluções encontradas, avaliar as alternativas, pensar no que as alternativas têm de bom e de ruim, quais os impactos positivos e negativos das soluções na sociedade e no meio ambiente, quais as dificuldade técnicas e financeiras de implementação e de uso das soluções, quais são os custos de implementação, de operação e manutenção e, sempre, pensando no ciclo completo de vida de seus componentes e de seu destino final após o fim da vida útil.

Em geral, é possível compor alternativas de soluções, principalmente se elas não são conflitantes ou dependentes, ou seja, se uma alternativa não prejudica algum parâmetro da outra solução.

O processo de escolha deve se basear sempre em critérios técnicos, econômicos, sociais e ambientais e em restrições impostas por limitações de componentes e de uso.

Este tipo de análise multicritério exige adoção de pesos relativos, dando maior importância a determinados critérios em relação a outros, em função de quem é o tomador de decisão.

5. Escolha da alternativa de solução

Nesta etapa, utilizando a metodologia adequada, escolhemos a melhor solução. Muitas vezes, as soluções que podem atender o melhor desempenho em um critério podem não atender outros, ou ter um desempenho bem inferior, ou seja, será difícil ter uma solução que seja melhor em todas especificações. *Na engenharia, o ótimo às vezes é inimigo do bom!*

6. Especificar e comunicar a solução escolhida

Nesta etapa, é importante utilizar formas de comunicação que permitam, por meio de desenhos, diagramas, textos, imagens e modelos, o detalhamento da solução escolhida, para que seja aceita pelos financiadores e os que vão implementá-la e utilizá-la.

7. Implementação da solução

A implementação da solução escolhida, seja de um produto ou de um processo, é etapa importante para se detectar erros nos processos de concepção e detalhamento.

Uma vez que a identificação de erros nesta etapa envolve altos custos, vale mais a pena dispender mais recursos durante o projeto, seja por meio de simulações ou de consultoria.

Nesta fase da solução, são feitas as correções que podem ser incorporadas nos documentos de comunicação, principalmente naqueles utilizados pelos usuários dos produtos e processos em sua operação.

8. Operação e manutenção da solução

A operação e a manutenção dos produtos e processos desenvolvidos permitem detectar falhas, por exemplo problemas de interface, de usabilidade, ergométricos e de *design*.

Nesta fase, também é possível detectar se os objetivos de resolução das insatisfações identificadas na etapa inicial foram atingidos.

A manutenção permite determinar problemas com componentes, de modo que a troca destes não só aumenta a vida útil, bem como promove a melhoria das próximas gerações de produtos ou processos.

O destino adequado de componentes ao final de sua vida útil deve ser considerado, levando-se em conta reutilização, reciclagem ou reprocessamento da matéria-prima utilizada. O exemplo clássico é a reutilização do alumínio das latas de bebidas, que tem custos econômico, energético e ambiental bem menores do que produzir uma lata nova desde a extração do minério do alumínio da natureza.

Problemas mais amplos da sociedade são utilizados como temas de estudo para os alunos em disciplinas de "Introdução à Engenharia" em escolas em que estas são comuns a diversos cursos. Alguns exemplos desses problemas são as questões de transporte nas grandes cidades, a gestão de resíduos sólidos, o consumo de água e de energia. Algumas instituições optam pela estratégia de focar em demandas do campus universitário ou de comunidades próximas à universidade de modo a facilitar a fase de coleta de dados para definir os problemas.

Um exercício clássico nas disciplinas de "Introdução à Engenharia" é dividir a turma em grupos e escolher um produto ou serviço do cotidiano dos alunos e, a partir de tais escolhas, passar pelas várias etapas da Metodologia de Projetos de Engenharia, excluindo a de implementar, de operar e dar manutenção, que são difíceis de praticar em sala de aula. Podemos citar como produtos os óculos, guarda-chuvas, celulares, e como serviços o atendimento na biblioteca, atendimento no restaurante, atendimento na seção de alunos.

Algumas disciplinas de projeto – que dispõem de laboratórios *Maker*, com estruturas e equipamentos como impressoras 3D, que trabalham com plásticos e metais, cortadoras a *laser*, microfresas, microtornos e laboratórios de eletrônica utilizando microprocessadores (Arduino, Raspberry, ARM etc.) e PICs, e laboratórios de informática – permitem fazer prototipações utilizando, por exemplo, a metodologia de prototipação rápida do *Design Thinking*.[10,11] Essas instalações são verdadeiras mini ou microfábricas dentro das escolas. Muitas dessas disciplinas são focadas em soluções que utilizam o desenvolvimento de aplicativos para celular, por meio de plataformas de desenvolvimento de interfaces para testar a funcionalidade dos aplicativos desenvolvidos, também utilizando *Design Thinking*.

O Massachusetts Institute of Tecnology (MIT) desenvolveu a metodologia *Conceive, Design, Implement and Operate* (CDIO), que tem sido utilizada em muitas escolas de engenharia no mundo. Consiste em trabalhar com projetos passando por todas suas etapas, desde a concepção, o desenvolvimento ou projeto, a implementação até a operação.

Foram desenvolvidos programas de modelagem multifísica, que permitem fazer análises em uma mesma plataforma, de forma interativa, entre fenômenos estruturais, térmicos, eletromagnéticos, hidráulicos etc. Uma dessas plataformas é o *Building Information Modeling* (BIM), um modelo virtual onde se pode fazer estudos estruturais de prédios, de conforto ambiental, de iluminação artificial e natural, de instalações elétricas e de água e gás, entre outros sistemas.

Um pouco da história das escolas de engenharia

A primeira universidade no mundo ocidental foi a Universidade de Bolonha, na Itália, no século XII.[12,13] Em 1747, foi fundada na França a primeira escola de engenharia do mundo, a École des Ponts et Chaussées; em 1778, a École des Mines; e, em 1794, o Conservatoire des Arts et Métiers. Estas escolas eram voltadas para o ensino técnico, diferentemente da École Polytechnique (1774), baseada no academicismo, estabelecendo, assim, uma divisão da engenharia em dois campos: o prático e o teórico.

Naquela época, existiam os engenheiros militares, que ocupavam funções técnicas nas forças armadas, e os engenheiros civis, encarregados da construção de estradas, pontes, construções e máquinas para os diferentes ministérios "civis".

Depois da Revolução Francesa, a formação com base científica ganhou força e se propôs estruturar cursos no modelo 2 + 3, com o *Baccalauréat* (exame final do curso secundário) e os dois anos preparatórios, com formação forte em matemática, física, química, filosofia e cultural e, hoje, incorporando informática. No final, é feita a seleção para ingresso nas grandes escolas.

Posteriormente, foram criadas escolas técnicas nos países de língua alemã, como as escolas de Praga (1806), Viena (1815), Karlsruhe (1825), Munique (1827), e a mais importante delas, a de Zurique (1854).

Nos Estados Unidos, a mais antiga escola de engenharia foi a Academia Militar de West Point, criada em 1794, seguida do MIT, em 1865, e do California Institute of Technology (CalTech), em 1919.

A engenharia moderna nasceu com a Primeira Revolução Industrial, na Inglaterra; o movimento filosófico e cultural do iluminismo na França; e os ideais de liberdade da Revolução Francesa, que contaminaram as colônias, principalmente as das Américas, levando à independência e ao estabelecimento de novas nações.

O movimento dos enciclopedistas e de outros filósofos da época, consequência do Renascimento e das ideias de Descartes, libertou o espírito humano dos limites da escolástica tradicional e valorizou a observação da natureza, da experimentação, do estudo das ciências físicas e naturais e suas aplicações. Química, física, biologia e matemática evoluíram muito nos séculos seguintes.

No século XIX, surgiram várias escolas de engenharia nas antigas colônias e atuais novos países. Na segunda metade do século XIX, também se estruturam os estados alemães e italianos na Europa.

No Brasil, a primeira escola de engenharia propriamente dita foi a Academia Real Militar,[12] inaugurada, em dezembro de 1810, pelo Príncipe Regente (futuro Rei D. João VI), vindo a substituir a Real Academia de Artilharia, Fortificação e Desenho, instalada em 1792. Em 25 de abril de 1874, por meio do Decreto nº 5.600, foi criada a Escola Politécnica do Rio de Janeiro; em 1876, a Escola de Minas de Ouro Preto; em 1893, a Escola Politécnica de São Paulo; em 1896, a Politécnica do Mackenzie e a Escola de Engenharia do Recife; em 1897, a Politécnica da Bahia e a Escola de Engenharia de Porto Alegre.

Na Europa, a partir do século XVIII, se estruturaram três modelos de escolas de engenharia: o francês, o alemão e o anglo-saxão. As escolas francesas, cujo principal nome é a École Polytechnique, têm o modelo conceitual e teórico, enquanto as escolas alemãs são mais práticas e ligadas à indústria.

Já nos EUA, as escolas se estruturaram em cursos de quatro anos, de onde se obtém o título de *Bachelor of Science Degree* (BSC) em engenharia, enquanto na Europa os cursos eram de cinco anos.

As escolas alemãs se dividiram nas *Technische Hochschulen* (TH), ou *Technische Universität* (TU) (faculdades ou universidades técnicas), e nas *Fachhochschule*, traduzidas muitas vezes como Universidades de Ciências Aplicadas de curta duração. Apesar de não oferecerem tantos cursos quanto às universidades, as *Fachhochschule* se diferem, principalmente, pelo foco na prática. São cursos de ensino superior técnico, com orientação prática ou aplicada, determinados por exigências concretas da vida profissional. Muitos cursos são oferecidos também na *Universität*, mas na *Fachhochschule* segue o enfoque aplicado, voltado para o mercado de trabalho.

Com o Processo de Bolonha, marcado pela Declaração de Bolonha, em 1999, foi instituído o espaço europeu de ensino superior, que permitiu o reconhecimento de cursos e de créditos (ECTS) entre os países da União Europeia. Esse processo propôs o modelo de 3 + 2 + 3 anos, que confere diploma de ciências aplicadas no final dos três primeiros anos, de um diploma de engenharia e mestrado com mais dois anos e um diploma de doutorado com mais três anos. Esse modelo é muito próximo do norte-americano de 4 + 1 + 3 anos, que confere diploma de graduação de engenharia em quatro anos, com um ano a mais, um mestrado; e três anos a mais, um doutorado.

Mais recentemente, surgiram novas propostas de cursos de engenharia nos Estados Unidos e na Europa.[29] Dentre elas se destacam o Ollin College of Engineering, Cal-Poly, 42 University-Freemont, Minerva University, Aalborg University, Maastricht University e University of Twente com propostas diferentes de cursos de engenharia focados na questão da inovação, no empreendedorismo e em cursos híbridos, mesclando ensino presencial e a distância, com forte uso de aprendizagem ativa e novos espaços de aprendizagem. Algumas escolas brasileiras têm se inspirado nesses modelos.

Novas diretrizes dos cursos de engenharia no Brasil

Embora a expressão seja recente, a utilização do ensino por competências não chega a ser novidade. O conceito foi cunhado em 1948, pelo psicólogo e professor da Harvard University, Robert White.

Competências são definidas como a composição de um conjunto de conhecimentos, habilidades e atitudes que devem ser desenvolvidos durante a formação de um cidadão e profissional. O conhecimento define o saber, as habilidades são o saber fazer e as atitudes estão ligadas ao fazer propriamente dito.

Em 1970, pesquisadores em educação já falavam de uma metodologia em que o *saber fazer* (a técnica) deveria ser atrelado a um *conjunto de conhecimentos* (as habilidades). No entanto, a utilização e o estudo das competências como metodologia somente ganharam força a partir da década de 1990 e virada dos anos 2000 – principalmente nos Estados Unidos e em países europeus que despontam na vanguarda da educação, como a Finlândia.

Competência consiste em "intervenção eficaz nos diferentes âmbitos da vida, mediante ações nas quais se mobilizam, ao mesmo tempo e de maneira inter-relacionada, componentes atitudinais, procedimentais e conceituais",[14] isto é, uma competência é um "saber agir" ou uma capacidade de "mobilizar seus saberes, saber fazer e saber ser ou outros recursos".[15]

Uma clara diretriz a respeito do que é e para que serve o aprendizado por competências consta no *Relatório para a Unesco da Comissão Internacional sobre Educação para o século XXI*. O texto indica a necessidade de uma educação em que a aprendizagem seja embasada em habilidades que tornem o indivíduo "apto para enfrentar numerosas situações, algumas das quais são imprevisíveis, além de facilitar o trabalho em equipe, que é uma dimensão negligenciada pelos métodos de ensino". Hoje, o conceito de competências está muito ligado ao setor empresarial e à gestão de recursos humanos em empresas.

No Brasil, a primeira menção à prática das competências surgiu em 1996, com a publicação da Lei de Diretrizes e Bases da Educação Nacional (LDB).[16] Essa legislação atribuiu ao governo federal a criação de competências e diretrizes para o ensino.

Nos anos seguintes, outras resoluções federais foram formuladas para mobilizar o estabelecimento de competências. Desde 2013, o Exame Nacional de Nível Médio (Enem) utiliza critérios que consideram as competências na resolução de suas questões. Assim, o sistema de avaliação não leva em conta apenas o conhecimento teórico, mas a capacidade de interpretar e tentar solucionar problemas.

Atualmente, a Base Nacional Comum Curricular (BNCC)[17] orienta a utilização do ensino por competências para o desenvolvimento educacional integral. A estratégia visa promover uma experiência escolar mais humanizada e acessível a todos. Várias áreas do ensino superior têm proposto novas diretrizes curriculares baseadas em competências.

Nas diretrizes curriculares de engenharia de 2002, foi proposto o uso de desenvolvimento de currículos por competências, que teve muitas dificuldades de implementação pelas escolas de engenharia, talvez por falta de entendimento do conceito.

Em maio de 2019, foram aprovadas pelo Ministério da Educação (MEC) as novas Diretrizes Curriculares Nacionais (DCN) dos cursos de graduação em engenharia[18] no Brasil, que, em seu Capítulo II: do perfil e competências esperadas do egresso, no artigo 4º, apresenta as competências principais que se espera que o egresso desenvolva durante o curso:

> I – Formular e conceber soluções desejáveis de engenharia, analisando e compreendendo os usuários dessas soluções e seu contexto:
> a) ser capaz de utilizar técnicas adequadas de observação, compreensão, registro e análise das necessidades dos usuários

e de seus contextos sociais, culturais, legais, ambientais e econômicos;

b) formular, de maneira ampla e sistêmica, questões de engenharia, considerando o usuário e seu contexto, concebendo soluções criativas, bem como o uso de técnicas adequadas;

II – Analisar e compreender os fenômenos físicos e químicos por meio de modelos simbólicos, físicos e outros, verificados e validados por experimentação:

a) ser capaz de modelar os fenômenos, os sistemas físicos e químicos, utilizando as ferramentas matemáticas, estatísticas, computacionais e de simulação, entre outras;

b) prever os resultados dos sistemas por meio dos modelos;

c) conceber experimentos que gerem resultados reais para o comportamento dos fenômenos e sistemas em estudo;

d) verificar e validar os modelos por meio de técnicas adequadas;

III – Conceber, projetar e analisar sistemas, produtos (bens e serviços), componentes ou processos:

a) ser capaz de conceber e projetar soluções criativas, desejáveis e viáveis, técnica e economicamente, nos contextos em que serão aplicadas;

b) projetar e determinar os parâmetros construtivos e operacionais para as soluções de Engenharia;

c) aplicar conceitos de gestão para planejar, supervisionar, elaborar e coordenar projetos e serviços de Engenharia;

IV – Implantar, supervisionar e controlar as soluções de Engenharia:

a) ser capaz de aplicar os conceitos de gestão para planejar, supervisionar, elaborar e coordenar a implantação das soluções de Engenharia;

b) estar apto a gerir, tanto a força de trabalho quanto os recursos físicos, no que diz respeito aos materiais e à informação;

c) desenvolver sensibilidade global nas organizações;

d) projetar e desenvolver novas estruturas empreendedoras e soluções inovadoras para os problemas;

e) realizar a avaliação crítico-reflexiva dos impactos das soluções de Engenharia nos contextos social, legal, econômico e ambiental;

V – Comunicar-se eficazmente nas formas escrita, oral e gráfica:
a) ser capaz de expressar-se adequadamente, seja na língua pátria ou em idioma diferente do Português, inclusive por meio do uso consistente das tecnologias digitais de informação e comunicação (TDICs), mantendo-se sempre atualizado em termos de métodos e tecnologias disponíveis;

VI – Trabalhar e liderar equipes multidisciplinares:
a) ser capaz de interagir com as diferentes culturas, mediante o trabalho em equipes presenciais ou a distância, de modo que facilite a construção coletiva;
b) atuar, de forma colaborativa, ética e profissional em equipes multidisciplinares, tanto localmente quanto em rede;
c) gerenciar projetos e liderar, de forma proativa e colaborativa, definindo as estratégias e construindo o consenso nos grupos;
d) reconhecer e conviver com as diferenças socioculturais nos mais diversos níveis em todos os contextos em que atua (globais/locais);
e) preparar-se para liderar empreendimentos em todos os seus aspectos de produção, de finanças, de pessoal e de mercado;

VII – Conhecer e aplicar com ética a legislação e os atos normativos no âmbito do exercício da profissão:
a) ser capaz de compreender a legislação, a ética e a responsabilidade profissional e avaliar os impactos das atividades de Engenharia na sociedade e no meio ambiente; b) atuar sempre respeitando a legislação, e com ética em todas as atividades, zelando para que isto ocorra também no contexto em que estiver atuando;

VIII – Aprender de forma autônoma e lidar com situações e contextos complexos, atualizando-se em relação aos avanços da ciência, da tecnologia e aos desafios da inovação:
a) ser capaz de assumir atitude investigativa e autônoma, com vistas à aprendizagem contínua, à produção de novos conhecimentos e ao desenvolvimento de novas tecnologias;
b) aprender a aprender.

Parágrafo único. Além das competências gerais, devem ser agregadas as competências específicas de acordo com a habilitação ou com a ênfase do curso.

Além dessas gerais, competências específicas podem ser propostas pelos cursos de engenharia e devem estar explicitadas no projeto pedagógico do curso.

O uso de aprendizagem ativa é uma forte orientação apresentada nas novas DCN de engenharia.[19,20] Nestas novas diretrizes, é importante que, nos projetos pedagógicos dos cursos, esteja explícito como as competências gerais e específicas são desenvolvidas e avaliadas na estrutura curricular, sejam elas baseadas em módulos, trilhas, rotas ou disciplinas para atingir o perfil proposto em cada curso de engenharia da Instituição de Ensino Superior (IES).[21,22,23,24,25,26,27]

As competências podem ser desenvolvidas no transcorrer do curso em níveis de profundidade diferentes à medida que os alunos avançam no curso.

Atividades propostas

1. Desafio do *Marshmallow*[28]

Muitas escolas de engenharia têm utilizado esta atividade prática na primeira aula das disciplinas de Introdução à Engenharia para equipes de até quatro alunos. O desafio consiste em construir, em 45 minutos, uma torre mais alta com um *marshmallow* no topo utilizando 20 espaguetes, 1 m de barbante e 1 m de fita adesiva e um *marshmallow*. O objetivo deste projeto é trabalhar em grupo e tentar fazer a torre mais alta e depois relatar como foi a discussão no grupo, o processo de decisão e de montagem.

2. Desafio da ponte de *Spaghetti*[29]

A competição é uma oportunidade divertida e desafiadora para que os alunos possam testar suas habilidades de engenharia e experimentarem o planejamento, a criatividade, a resolução de problemas e o trabalho em equipe necessários para uma carreira em engenharia.

As equipes são desafiadas a construir a ponte mais forte, pesando não mais do que 300 g, construída apenas com espaguete e cola e com uma abertura de pelo menos 35 cm. Ganha a competição aquela ponte que suportar a maior carga em peso.

Existem variantes deste desafio com o uso de diferentes tipos de espaguetes e de tipos de colas, com restrições específicas de dimensões e características construtivas.

3. Escolha um produto ou um serviço e com um grupo de colegas aplique as diversas etapas do Projeto de Engenharia. Depois, apresente os resultados obtidos em cada etapa do processo em forma de um relatório.

4. O ensino de engenharia não tem acompanhado a evolução da tecnologia e as mudanças da sociedade. Em função dessa evolução, a sociedade está mais digital e usando dispositivos e formas de comunicação que estão distantes de alguns modelos de ambientes e espaços de aprendizagem das escolas tradicionais, onde o aluno é exposto a conteúdos de forma verbal e escrita, como se o professor fosse o único detentor do conhecimento e o transmitisse em sala de aula em conta-gotas, como um cardápio pronto, definido previamente.

Por outro lado, com o advento da internet e seus serviços e estruturas, como as redes sociais e repositórios de informação, o aluno tem acessos a conhecimentos, muitas vezes não validados, de forma massiva e não estruturada. Discuta com o grupo como poderia ser um modelo de escola de engenharia para se adequar a esta nova realidade.

Referências

1. LANDIS, Raymond B. *Studying engineering a road map to rewarding career*. Discovery Press, 2013.
2. BENYUS, Janine M. *Biomimicry*: innovation inspired by nature. New York: Harper Perennial, 2002.
3. JOHNSON, Arthur T. *Biology for engineers*. 1. ed. CRC Press, 2016.
4. JOHNSON, Arthur T. *Biology for engineers*. 2. ed. CRC Press, 2018.
5. SURAISHKUMAR, G. K. *Biology for engineers*. Oxford University Press India, 2019.

6. TOZEREN, Aydin; BYERS, Stephen W. *New biology for engineers and computer scientists*. 1. ed. New York: Pearson, 2003.

7. VACCARI, David A.; STROM, Peter F.; ALLEMAN, James E. *Environmental biology for engineers and scientists*. 1. ed. New Jersey: Wiley, 2005.

8. WAITE, Gabi Nindl; WAITE, Lee R. *et al. Applied cell and molecular biology for engineers*. 1. ed. New York: McGraw-Hill, 2007.

9. CONFEDERAÇÃO NACIONAL DA INDÚSTRIA – CNI. *Ensino de engenharias: fortalecimento e modernização*. 2016.

10. INSTITUTO DE FÍSICA DA UNIVERSIDADE DE SÃO PAULO – IFUSP. *IFUSP adota método de ensino que aumenta a participação do aluno em sala de aula*. Disponível em: https://portal.if.usp.br/imprensa/pt-br/node/665. Acesso em: ago. 2020.

11. BROWN, Barry; KATZ, Tim. *Design Thinking*: uma metodologia poderosa para decretar o fim das velhas ideias. Rio de Janeiro: Campus, 2010.

12. TELLES, Pedro Carlos da Silva. *História da engenharia no Brasil*. Rio de Janeiro: LTC, 1984.

13. SILVEIRA, Marcos Azevedo da. *A formação do engenheiro inovador*: uma visão internacional. Rio de Janeiro: PUC-Rio/Abenge, 2005.

14. ZABALA, Antoni; ARNAU, Laia. *Como aprender e ensinar competências*. Rio de Janeiro: Artmed, 2014.

15. SCALLON, Gérard. *Avaliação da aprendizagem numa abordagem por competências*. 1. ed. Curitiba: PUCPRESS, 2015.

16. BRASIL. Ministério da Educação. *Lei de Diretrizes e Bases da Educação Nacional (LDB)* – 1996. Disponível em: http://www.planalto.gov.br/ccivil_03/Leis/L9394. htm. Acesso em: ago. 2020.

17. BRASIL. Ministério da Educação. *Base Nacional Comum Curricular (BNCC)* – 2018. Disponível em: http://basenacionalcomum.mec.gov.br/. Acesso em: ago. 2020.

18. BRASIL. Ministério da Educação. *Resolução nº 2, de 24 de abril de 2019* – Novas Diretrizes Curriculares Nacionais do Curso de Graduação em Engenharia. Disponível em: http://portal.mec.gov.br/index.php?option=com_docman&view=download&alias=112681-rces002-19&category_slug=abril-2019-pdf&Itemid=30192. Acesso em: 13 ago. 2020.

19. MAZUR, Eric. *Peer Instruction*: a revolução da aprendizagem ativa. Rio de Janeiro: LTC, 2015.

20. BERGMANN, Jonathan; SAMS, Aaron. *Sala de aula invertida*: uma metodologia ativa de aprendizagem. Rio de Janeiro: LTC, 2016.

21. ANDERSON, Lorin W.; KRATHWOHL, David R. *et al. A taxonomy for learning, teaching, and assessing*: a revision of bloom's taxonomy of educational objectives. New York: Pearson, 2000.

22. BLOOM Benjamin S. (ed.). *Taxonomy of educational objectives*: the classification of educational goals. Philadelphia: David McKay, 1956. p. 201-207.

23. BLOOM, Benjamin S. *et al. Taxonomia dos objetivos educacionais*. São Paulo: Globo, 1974. v. 1 e 2.

24. FEIRA BRASILEIRA DE CIÊNCIAS E ENGENHARIA (FEBRACE). *Metodologia de Engenharia*. Disponível em: https://febrace.org.br/projetos/metodologia-de-engenharia/#.YD_vAJNKjOQ. Acesso em: ago. 2020.

25. PERRENOUD, P. *Construir as competências desde a escola*. Rio de Janeiro: Artmed, 1999.

26. PERRENOUD, P. *Dez novas competências para ensinar.* Rio de Janeiro: Artmed, 2000.

27. SILVA, Messias B.; PEREIRA, Marco A. C.; SANTOS, Eduardo F. dos; GOMES, Fabricio M. Aspectos relevantes em cursos considerados de ponta no exterior e as novas DCNs. *In*: OLIVEIRA, Vanderli Fava de (org.). *A Engenharia e as novas DCNs* – oportunidades para formar mais e melhores engenheiros. Rio de Janeiro: LTC, 2019. p. 44-65.

28. STANFORD MARSHMALLOW CHALLENGE. Disponível em: https://dschool. stanford.edu/resources/spaghetti-marshmallow-challenge. Acesso em: out. 2020.

29. THE ENGINEERING LINK GROUP. *What is the Spaghetti Bridge Competition?* 2014. Disponível em: https://www.telg.com.au/spagbridgecomp/. Acesso em: fev. 2021.

2

Os Passos da Engenharia

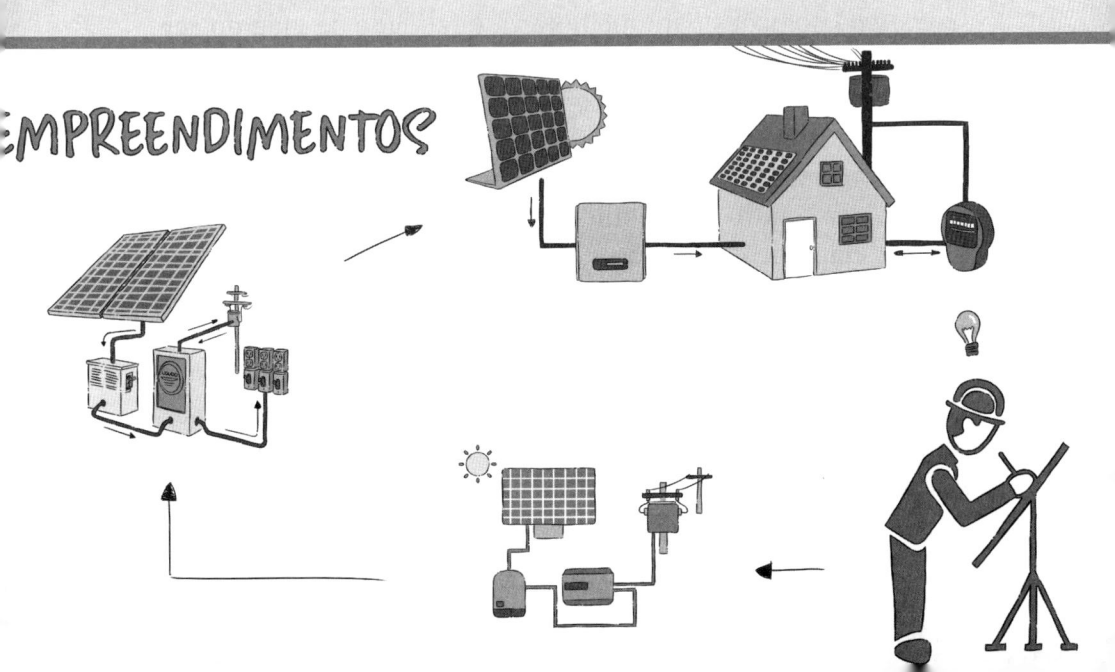

> *O pior inimigo da criatividade é o bom senso.*
> **Pablo Picasso**

Como a engenharia funciona?

O processo de criação de um empreendimento, seja ele traduzi-do por um produto, uma obra ou um sistema, é fruto de poucas ações que, realizadas na sequência correta, garantem o sucesso do empreendimento.

Apesar de outros profissionais participarem dessas ações, pois todo empreendimento moderno envolve equipes, a presença do engenheiro é decisiva, por ser o único com a formação completa, necessária para sua condução.

Concepção

> *Concepção: faculdade de conceber,*
> *de compreender, de idear.*
> *Imaginação, fantasia. Criação.*

A concepção é fruto de observações do mundo ao seu redor, de conversas com seus amigos, de acidentes em que foi teste-munha e outros eventos fortuitos que levam o engenheiro a *"enxergar"* soluções para melhorar a qualidade de vida do ser humano.

Na concepção, o engenheiro faz croquis, rabiscos, avaliações econômicas, pesquisa de mercado e mantém muita conversa para identificar a viabilidade de sua proposta.

Uma vez seguro da viabilidade técnica e econômica de sua ideia, a etapa de concepção é concluída com o convencimen-to de seus superiores da potencialidade do empreendimento. É nesse instante que ele vai praticar o mais importante atributo que o engenheiro do século XXI deve adquirir ao longo de sua vida profissional: a boa comunicação. Sem uma boa comunica-ção, não há como convencer seus pares sobre a importância de sua proposta. Várias ideias brilhantes foram abandonadas por não terem sido bem apresentadas. Invista na comunicação, se apresente bem, pois o fator mais importante do sucesso passa por uma boa exposição de suas ideias.

Preparar uma apresentação profissional, atraente, dinâmica, recheada com linguagem gráfica de boa qualidade e ilustrada por imagens impactantes, faz toda a diferença no convencimento de seus pares.

> *Invista em sua imagem: a empatia é o mais*
> *importante atributo de um comunicador*

Em resumo, a "concepção" passa por:

Croquis

Rabiscos

Viabilidades técnica e econômica

Excelente apresentação

Segundo Mushtak Al-Atabi,[1] a habilidade de conceber algo novo passa por preparação. Segundo este autor, o sucesso no processo de concepção consiste em:

1. Definir claramente e estabelecer limites para o desafio a ser enfrentado, como, por exemplo: necessidades do cliente, limites da legislação, capacidade de investimento, entre outros.
2. Reunir informação suficiente sobre o que se busca, tais como: literatura pertinente, base de patentes, estudos de mercados etc.
3. Manter a mente aberta e não convergir para a solução prematuramente, evitando ideias preconcebidas.
4. Acreditar fielmente neste procedimento.

Intuições do tipo: sei tudo sobre o desafio, não preciso escrever mais nada sobre isso; a literatura disponível não é relevante para superar o desafio; eu sei qual é o "jeitão" da solução; este modo de trabalho é muito lento; não temos tempo para isso; e outras afirmações de excesso de confiança são as maiores causas de fracasso na busca de algo novo.

Assegure um *brainstorming* bem feito, escreva todas as ideias na parede para visualizá-las claramente. Empodere a equipe dando chances de expressão sem obedecer a hierarquias; mantenha-se focado; dê mais importância à qualidade do que à quantidade; encoraje ideias "malucas"; postergue suas críticas sobre outras ideias; e construa sobre a ideia de outros.

Quando seu desafio envolve vencer a concorrência, técnicas como a desenvolvida por W. Chan Kim e Renée Mauborgne,[2] do Institut Européen d'Administration des Affaires (Insead), e apresentada no livro *A estratégia do oceano azul*, são muito úteis no processo de concepção. Esta técnica composta de quatro passos é conhecida pelo acrônimo ERIC (Eliminar, Reduzir, Implementar, Criar), cujos significados no processo de concepção assumem os seguintes procedimentos:

1. *Eliminar*: o que a empresa está disponibilizando no momento, que pode ser inteiramente eliminada, sem afetar os atributos do produto ou sistema?
2. *Reduzir*: o que a instituição está disponibilizando no momento, que pode ser reduzido sem afetar os atributos do produto ou sistema?
3. *Implementar*: o que a instituição está disponibilizando no momento, que pode ser aumentado para melhorar os atributos do produto ou sistema?
4. *Criar*: o que a instituição não está disponibilizando no momento, que deve começar a criar para melhorar os atributos do produto ou sistema?

Por fim, o processo de concepção deve:

- Iniciar a etapa de concepção com a mente aberta, acreditando no procedimento dos quatro passos descritos anteriormente.
- Ao final do processo de concepção, faça sempre um *checklist*, para assegurar que sua criação satisfaz todos os requisitos e limitações exigidos.

Como exemplo de "concepção", vamos analisar a obra do Museu de Arte de São Paulo (MASP), construído no antigo

Belvedere do Trianon e doado por uma família paulista, que impôs a manutenção daquela vista para sempre na história da cidade.[3]

Para conceber essa obra, marco da cidade paulista, a Prefeitura de São Paulo contratou, em 1957, a arquiteta Lina Bo Bardi, com o requisito que atendesse às exigências do doador.

Lina Bo Bardi não poderia ter sido mais feliz na sua criação. Após definir claramente e estabelecer os limites de seu desafio, reuniu todas as informações necessárias para a concepção e, despojando-se de todos os preconceitos que pudessem vir a limitar sua visão arrojada, criou esta obra de arte que é o MASP. A Figura 2.1 mostra a perspectiva desse monumento paulista retratada pelas penas da artista Ligia Fong, gentilmente cedida pelo Prof. João Cyro André, da Escola Politécnica da USP.

O processo de concepção do MASP, em si, é também considerado uma obra de arte, pois Lina Bo Bardi o idealizou no momento em que seu espírito criativo e inovador se libertava dos momentos amargos do pós-guerra.

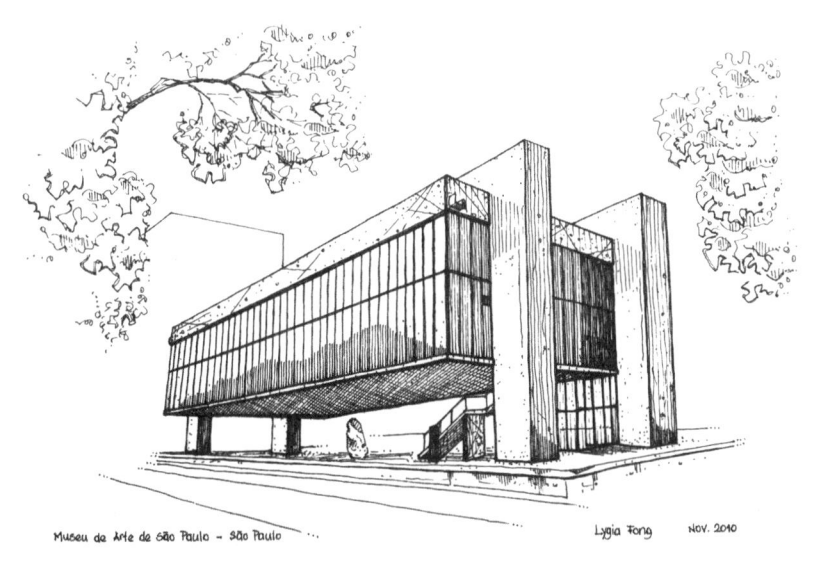

Figura 2.1 Perspectiva do MASP.
Fonte: João Cyro André – Arte: Ligia Fong.

Sua visão sobre o Belvedere do MASP tornou-se obra de arte reverenciada não só por arquitetos, mas por todos que apreciam o belo e a sensibilidade do nome maior de nossa arquitetura.

Figura 2.2 Estudo preliminar – esculturas praticáveis do Belvedere do Museu de Arte Trianon, 1968, elaborado por Lina Bo Bardi. Fonte: Museu de Arte de São Paulo. Disponível em: https://masp.org.br/acervo/obra/estudo-preliminar-esculturas-praticaveis-do-belvedere-museu-arte-trianon. Acesso em: 24 fev. 2021.

Completada a "concepção", o próximo passo é o "projeto".

Projeto

> *Projeto: descrição escrita e detalhada de um empreendimento a ser realizado; plano, delineamento, esquema.*

Enfim, chega o momento de fazer aquilo que o levou a escolher a engenharia como profissão. O projeto é a essência do prazer em praticar a engenharia. É o momento em que tudo aquilo que aprendemos, com enorme esforço, vai finalmente nos realizar. O projeto é o momento certo para aflorar a criatividade e a inovação.

Arquitetura do projeto

Prepare-se para encará-lo fazendo uma "arquitetura" do procedimento de trabalho. Na "arquitetura", o todo é dividido em partes. Identifique cada parte do projeto em subprojetos, destacando suas funções e requisitos.

Para "enxergar" as partes de um projeto, o engenheiro deve ter uma visão sistêmica do todo, extraído da "concepção".

Com isso em mãos, o responsável pelo "projeto" do MASP, que, no caso foi o Escritório de Engenharia Figueiredo Ferraz, identificou os seguintes subprojetos:

- *Projeto Estrutural*: dimensionamento das vigas e colunas de concreto que sustentarão o empreendimento.
- *Projeto da Construção Civil*: escolha dos materiais apropriados, para deixar o ambiente com as características exigidas de um museu de nível internacional. Urbanização do ambiente e integração do mesmo à cidade.
- *Projeto de Instalações*: dimensionamento do sistema de distribuição da energia elétrica, instalações de água e esgotos do empreendimento.

O processo de "arquitetura do projeto" descrito é válido para qualquer tipo de empreendimento. Se você pretende projetar um veículo elétrico, identificará subprojetos do tipo: suspensão, chassis, motor elétrico, sistema de controle de tração, sistema operacional, antena e muitos outros, pois trata-se de um projeto complexo.

Esse processo também se aplica quando se pretende projetar um aplicativo para telefone celular, *software*, jogos eletrônicos e, também, para a construção de um *website*.

Configuração do projeto

Nesta etapa, são tomadas as decisões sobre forma, tamanhos, materiais e seleção de componentes. Essas escolhas são feitas em função dos requisitos exigidos pelo contratante e do orçamento disponível. No caso do Projeto do MASP, as vigas e pilares começam a tomar forma, e detalhes da fachada passam a ser definidos com as escolhas dos materiais e várias outras decisões.

A Figura 2.3 mostra a geometria final da viga principal e as conexões de seus diversos elementos estruturais.[3]

No caso do veículo elétrico, nesta etapa, são escolhidas as baterias, a potência do motor elétrico, caminhamento dos fios longo da cabine e várias outras definições de natureza mecânica, elétrica etc.

Para que essas escolhas sejam definidas, o engenheiro aplicará todo o conhecimento técnico adquirido durante seu curso e se envolverá também em tomadas de decisões de toda ordem, contemplando não só sua área de atuação, como também decisões oriundas de outras especialidades da engenharia.

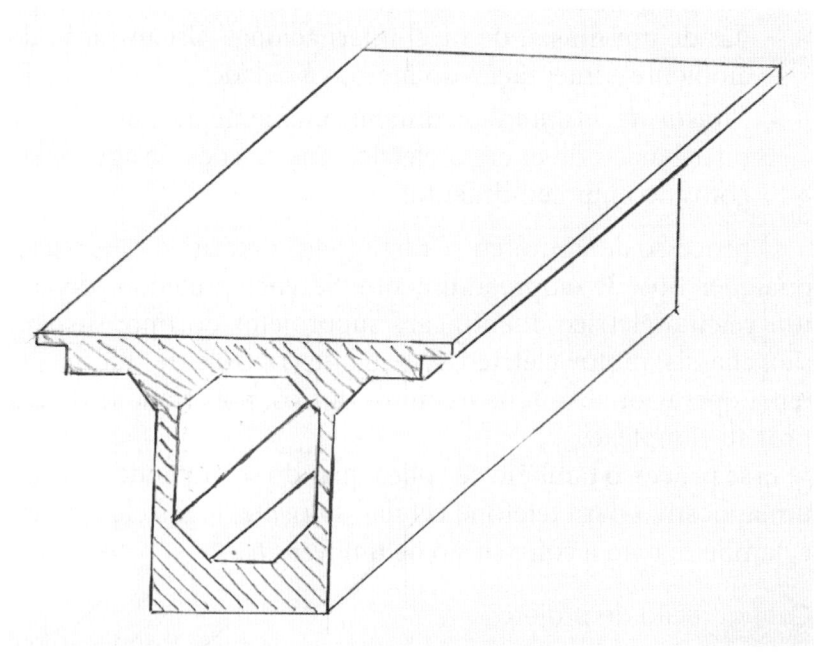

Figura 2.3 Vista da viga principal – sem escala.
Fonte: André *et al.*[3]

É nessa etapa que o engenheiro será solicitado a apresentar toda sua competência em ciências básicas, como física, química, matemática (incluindo a estatística) e computação, além da competência específica para a qual foi formado.

O engenheiro civil que trabalhou no Projeto do MASP resolveu problemas de estrutura, aplicando técnicas da Resistência dos Materiais.

As Figuras 2.4 e 2.5 detalham as ações empreendidas no Cálculo Estrutural, desde a formulação do problema – parte principal do projeto – até sua resolução, cujos resultados levaram às definições de forma e tamanho de suas diversas vigas e pilares.

Integração do projeto

Uma vez concluídos todos os subprojetos, resta realizar sua integração, para verificar a interação entre eles e identificar eventuais interferências que ficaram mascaradas durante o desenvolvimento dos trabalhos.

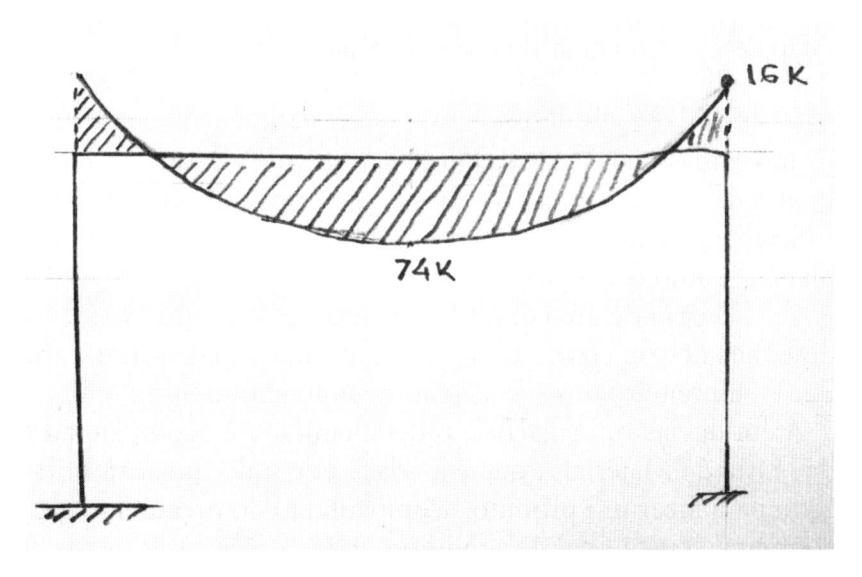

Figura 2.4 Diagramas de momentos fletores – lage superior.
Fonte: André *et al.*[3]

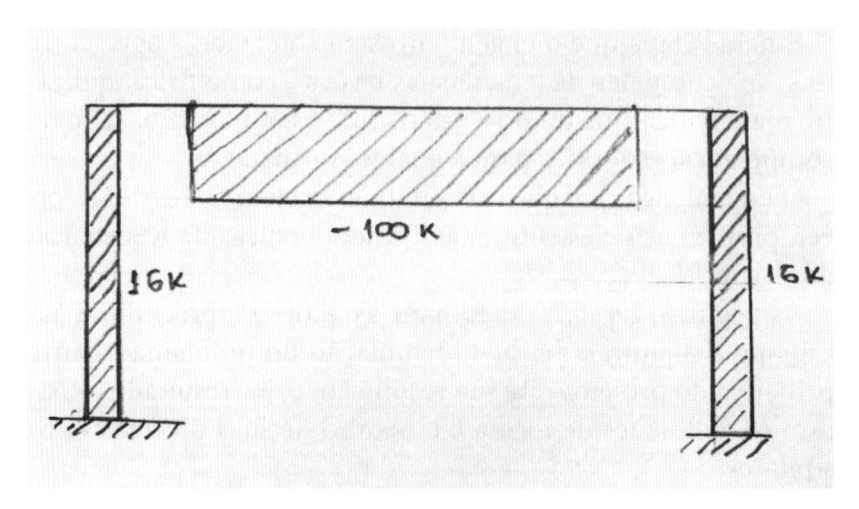

Figura 2.5 Diagramas de forças normais – lage inferior.
Fonte: André *et al.*[3]

Na construção civil, a integração permite identificar presenças de tubulações de água, gás e eletricidade, externas a obra, que possam limitar caminhos e espaços.

No caso de projetos de equipamentos digitais, são verificadas as compatibilidades de *hardware* e *software* para confirmar se estão aptos a trabalhar de forma consistente e segura.

Detalhamento do projeto

Completadas todas essas etapas, são gerados desenhos detalhados de todos os componentes do projeto, com informações suficientes para que sejam utilizados em qualquer parte do planeta, como o que ocorre na produção de equipamentos digitais. No caso de uma obra civil, como o Projeto do MASP, os desenhos devem conter todas as informações necessárias para que o empreiteiro possa construir o empreendimento.

Além dessas informações, o detalhamento é acompanhado da "Lista de Materiais", que é a relação de tudo que será utilizado para fazer um produto, acompanhado do orçamento que comporá o custo final do produto.

Finalizada essa fase, passa-se para a etapa de confecção do produto, denominada "implementação" do empreendimento.

Resumindo, o projeto passa por:

Arquitetura do Projeto

Configuração do Projeto

Integração do Projeto

Detalhamento do Projeto

Práticas exitosas para se chegar a um bom termo devem considerar o seguinte:

- Acredite nesse processo e assegure-se, sistematicamente, de que seu caminho está seguindo os passos destacados anteriormente.
- Ao final do "Projeto", faça o *checklist*, para se assegurar que os requisitos e limitações especificados foram atendidos.

Implementação

> *Implementação: pôr em prática, executar ou assegurar a realização de alguma coisa.*

Chegou a hora de dar vida ao seu produto. Com os desenhos, lista de materiais e orçamentos, precisa-se agora planejar sua produção. Começa-se pela escolha de fornecedores; caso não exista, defina o que fazer para desenvolver um fornecedor que atenda às exigências do produto.

Estabeleça a logística de produção identificando a cadeia de suprimentos (*supply chain*) dos materiais para avaliar se são oriundos de fontes sustentáveis. A análise do ciclo de vida do produto a ser fabricado é exigência recente e faz parte dos Objetivos de Desenvolvimento Sustentável da Nações Unidas (Agenda 2030), com a qual conseguimos identificar se os materiais são oriundos de fontes seguras, que não utilizam mão de obra infantil ou escrava e, também, como tomar ações para que seu descarte seja realizado de forma sustentável.

É preciso definir o leiaute das máquinas que serão utilizadas e analisar a produção com técnicas da engenharia de produção para garantir eficiência e redução de perdas no processo.

Não se esqueça de garantir boas condições de trabalho ao ser humano que vai produzi-lo, não só porque a legislação exige, mas porque você de fato acredita que isso é importante para sua produção.

Podemos resumir a "implementação" nas seguintes etapas principais:

Escolha e/ou desenvolvimento de fornecedores

Definição da cadeia de suprimentos (supply chain)

Análise do ciclo de vida

Leiaute da linha de produção

Ambiente de trabalho

Importante: **nunca** dê início à implementação sem passar pelas etapas de "concepção" e "projeto".

Na construção civil, os avanços na gestão da obra são sofisticados. Os ambientes são limpos, bem organizados e sujeitos a protocolos de segurança mandatórios.

Os procedimentos aplicados na construção do MASP, se fossem feitos atualmente, seriam bem diferentes. A página do museu (www.masp.org.br) retrata, em detalhes, as etapas de construção, de modo que vale a pena navegar por elas, não só pelo interesse histórico agregado aos registros, mas também pelo interesse do histórico da construção civil.

Uma vez erigido o empreendimento, seja ele uma obra, um produto ou um sistema, o engenheiro definirá como operá-lo de forma segura e eficiente. Restava agora inaugurá-lo e, para tal, foram chamados engenheiros com competências em logística, manutenção, controle e automação, para garantir segurança para o público e para as obras em exposição, sujeitas a rigorosos controles de temperatura, luminosidade e umidade. Chegou a vez da "operação".

Operação

*Operação: conjunto de atos ou medidas
em que se combinam os meios para a
obtenção de determinados resultados
ou de determinados objetivos.*

Sua criação agora está viva e precisa ser conduzida para atender às finalidades para a qual foi concebida. A "operação" completa o ciclo "concepção-projeto-implementação-operação", que pode produzir produtos e sistemas que sobreviverão por décadas.

No caso de obra civil, seu produto pode sobreviver por décadas, quem sabe séculos, assim como uma ferrovia. Um *software* pode permanecer décadas operando, mas, diferentemente de outros produtos, precisa estar sempre renascendo; uma célula de produção industrial pode sobreviver por longo tempo até o momento em que desponta uma tecnologia disruptiva, como é o caso da Indústria 4.0, que mudará completamente nosso conceito de produção de industrial.

Assim, para que o investimento disponibilizado no empreendimento tenha o retorno econômico e social esperado, resta agora operá-lo adequadamente para que atinja sua vida útil, que é o tempo esperado de operação, a partir do qual pode ser descartado.

Alguns pontos devem ser especialmente observados na "operação".

Segurança e sustentabilidade

Todo material utilizado na confecção de sua criação é oriundo de um poço de petróleo, de uma mina ou de uma floresta. A natureza, de uma forma ou de outra, foi agredida para que seus objetivos fossem atendidos, de modo que o respeito a ela deve estar entre seus principais objetivos.

Atente sempre para que a operação de seu produto ou processo não gere resíduos que não possam ser tratados adequadamente. A reutilização, por meio de processos de reciclagem, é mandatória e regida por legislação ambiental rigorosa. Mais do que atender à legislação, você precisa acreditar que esta é a solução correta, para garantir um mundo seguro para nossos descendentes.

Gestão

A operação deve ser monitorada de forma permanente, pois pequenos desvios não observados podem produzir graves prejuízos econômicos e ambientais. Uma ponte erigida e deixada sem monitoração pode, com o passar do tempo, causar grandes prejuízos à sociedade e risco à saúde humana.

Em sistemas de transporte público, a gestão da "operação" é nevrálgica para a garantia da continuidade do atendimento. Sofisticados centros de controle de operações são instalados para monitorar todo movimento em *tempo real*.

Empresas de transporte público, como metrôs, e concessionárias de energia elétrica, possuem Centros de Controle Operacionais (CCO) sofisticados, dotados de tecnologia de informação avançada para garantir operação segura de seus sistemas.

Como os sistemas elétrico e de transporte são vitais para a manutenção da ordem pública, os CCO são dotados de complexos sistemas de segurança contra ataques terroristas e cibernéticos.

Treinamento

Os operadores devem ser treinados com frequência e periodicamente reciclados, pois a tecnologia e o modo de viver mudam com o tempo. Mudanças tecnológicas implicam mudanças na filosofia de trabalho e nas pressões psicológicas nos operadores.

Checklist

Caso você já tenha andado de avião, e não observou o comportamento do piloto e do copiloto antes da decolagem, vale a pena prestar atenção em sua próxima viagem.

Apesar de realizar centenas de viagens como a mesma aeronave, antes de qualquer decolagem ambos fazem o *checklist*, que significa conferir uma série de instrumentos, dados e protocolos para verificar se todos os requisitos de uma viagem segura estão garantidos.

Por mais que o ser humano tenha uma boa memória, na função de operador é mandatório a existência de um *checklist* para evitar acidentes.

Os médicos cirurgiões também seguem protocolos semelhantes antes de qualquer cirurgia. A equipe médica repassa os principais cuidados e procedimentos para evitar erros médicos que podem acarretar graves problemas ao paciente.

Manutenção

A manutenção, sobretudo a preventiva, é a melhor garantia para preservar a continuidade e a qualidade da operação. Uma parada em função de defeitos que poderiam ser previstos antes de sua ocorrência acarreta custos elevados à gestão do empreendimento.

A manutenção é facilitada quando estudos de confiabilidade são elaborados, os quais fornecem o tempo de vida média dos componentes do produto ou sistema.

Nesta etapa da "operação", a manutenção exerce seu papel. Técnicas avançadas de manutenção foram desenvolvidas para garantir a excelência da operação. O aparecimento da "ciência dos dados", do *big data* e da *machine learning* promoveu uma revolução nos processos de gestão da manutenção, aumentando em muito a confiabilidade de produtos e sistemas envolvidos com o atendimento ao grande público.

Atualização

Todo empreendimento está sujeito a estímulos que exigem dele melhor desempenho, e o engenheiro deve estar sempre alerta às evoluções tecnológicas, que, se aplicáveis à sua criação, podem agregar ganhos sensíveis de eficiência, lucratividade e segurança de operadores e usuários.

Assim, como todo ser vivo, o acompanhamento de seu crescimento é realizado com introduções e novas funcionalidades, tecnologias e procedimentos. É o que chamamos de "atualização do empreendimento".

Descarte

Nos passos de "concepção" e "projeto", são identificados produtos utilizados na "implementação" que são tóxicos e agressivos à saúde e ao meio ambiente. O engenheiro deve ter em mãos um plano para descarte desses produtos ao final de sua vida útil. Melhor ainda, de substituí-los, optar por outros não agressivos de modo a mitigar os problemas oriundos de seu descarte.

Resumindo, a "operação" está assentada nos seguintes pilares:

*G*estão
*T*reinamento e operação
*C*hecklist
*M*anutenção
*A*tualização
*D*escarte

Estudo de caso: trem de alta velocidade

Concepção

Um *case* emblemático de "concepção" que impactou o transporte de passageiros a grandes distâncias em todo o mundo está retratado na trajetória de vida do japonês Hideo Shima, nascido em Osaka, em 1901, e que dedicou sua vida profissional à ferrovia, fruto da herança intelectual de seu pai, também ferroviário.

Após concluir seu curso de engenharia mecânica na Tokio Imperial University, ingressou na Japan National Railways para trabalhar no projeto de locomotivas a vapor. Nesta função, Hideo deu grandes contribuições para o projeto desse tipo de locomotiva, e muito de sua inspiração foi obtida observando as locomotivas fabricadas em outros países.

O descarrilhamento de um trem em 1947, que, na época, tinha seus vagões construídos em madeira, causou grande comoção no país em virtude do elevado número de vítimas e foi o ponto de inflexão na carreira de Hideo Shima. A partir desse acidente, Hideo se convenceu de que esse tipo construtivo tinha que ser

(continua)

abandonado e sugeriu a substituição da madeira pelo aço na confecção dos vagões. Essa solução não só foi adotada na fabricação das composições japonesas, mas também por todos os fabricantes de "material rodante" (nome genérico dado à fabricação das composições) do planeta.

O último grande impacto de suas ideias, antes do grande *insight* de sua vida, foi o uso da tração elétrica distribuída, na qual todos os vagões, e não apenas o da frente, são dotados de motores elétricos e contribuem para a tração da composição.

Hideo Shima participou também do esforço de guerra japonês, trabalhando no projeto e fabricação de automóveis para uso militar, os quais, ao fim da guerra, foram devidamente adaptados para produção em massa, contribuindo para a recuperação da economia japonesa.

Inconformado com o tempo elevado para o transporte de passageiros sobre trilhos entre duas das maiores cidades japonesas, Tóquio e Osaka, Hideo Shima imaginou um trem de alta velocidade, para o qual deu o nome de *Shinkansen*, que significa "Nova Linha Tronco", ou comumente chamado de trem-bala.

Na sua "concepção", o trajeto de 396 km deveria ser cumprido em, no máximo, duas horas, bem diferente das cinco horas até então.

O rascunho da Figura 2.6 poderia muito bem ter sido traçado por Hideo Shima na primeira "concepção" de sua ideia, que, na

Figura 2.6 Rascunho possível de um Shinkansen.
Fonte: Croqui do autor.

(continua)

sua origem, imaginou um trem de alta velocidade que atingisse a velocidade de 200 km/h, capaz de transportá-lo de Tóquio à sua cidade natal Osaka, nas duas horas imaginadas. Convencido da validade de sua proposta, Hideo convenceu o Banco Mundial a financiar o empreendimento.

Projeto

Com o financiamento, os projetos do trem e da via permanente foram iniciados. Foi um trabalho primoroso de engenharia que levou à versão *Zero* – como foi chamada – do Shinkansen.

Figura 2.7 Versão *Zero* do Shinkansen.
EvergreenPlanet | iStockphoto

Em face da grandiosidade do empreendimento, um projeto detalhado de manufatura foi concebido, envolvendo não só o material rodante, como também a via permanente (trilhos), para os quais foi necessário identificar toda a cadeia de suprimentos, bancada de montagem e testes.

Operação

Por fim, após seis anos de intenso trabalho, no dia 1º de outubro de 1964, duas semanas antes da abertura dos Jogos Olímpicos de Tóquio, o Shinkansen *Zero* deu início à sua primeira viagem.

(continua)

Esse acontecimento foi um marco do desenvolvimento pós-guerra japonês e colocou o país no grupo seleto de países desenvolvidos. Este exemplo foi seguido por vários outros países europeus e asiáticos. Atualmente, além do Japão, a França, Espanha, Reino Unido, Alemanha e, mais recentemente, a Coreia do Sul e a China fabricam trens de alta velocidade.

A ideia de um homem mudou a forma de transporte
terrestre sobre trilhos.

A versão *Zero* do Shinkansen foi desativada em 2008, tendo realizado viagens suficientes para circular nosso planeta 30.000 vezes (!!!).

Uma curiosidade ligada ao desenvolvimento das versões posteriores, que vale registro, está ligada ao fato de que o Shinkansen, ao sair do túnel, produzia ruído excessivo que causava reclamações das comunidades próximas. Para reduzi-lo, o engenheiro Eiji Nakatsu, observador das aves, encontrou a solução para o formato da frente observando o martim-pescador (Fig. 2.8), cujo bico não produz espalhamento da água ao atingir a superfície. Comenta-se, também, que Eiji corrigiu pequenos detalhes da carenagem baseando-se nos formatos das penas de uma coruja e no abdome de um pinguim. A observação da natureza é uma qualidade inerente do engenheiro inovador.

Figura 2.8 Bico do martim-pescador.
takahashi koji | iStockphoto

(continua)

Figura 2.9 Carenagem do Shinkansen.
DoctorEgg | iStockphoto

Implementação

O que fazer após o término do projeto? Resta operá-lo. Nesta etapa, o papel do engenheiro também é fundamental. No caso do Shinkansen, as estações foram reprojetadas para abrigar o crescente número de passageiros, a logística de bilhetagem, o estabelecimento da grade horária baseada em pesquisas origem-destino e uma série de outras necessidades, que tiveram a participação decisiva dos engenheiros. As Figuras 2.10 e 2.11 mostram imagens da complexidade resultante da "operação" de trens como o Shinkansen.

(continua)

Figura 2.10 Parte da "operação" do Shinkansen.
TokioMarineLife | iStockphoto

Figura 2.11 Equipamento de manutenção de trens.
Mats Silvan | iStockphoto

O Shinkansen é considerado o mais ousado empreendimento de transporte sobre trilhos do século XX.

Atividade proposta

1. Este projeto é adequado para ser realizado por equipe de quatro alunos, e consiste em identificar as quatro etapas de um empreendimento de engenharia, seja ele um produto, um processo ou um sistema.

   Para tal, a equipe precisará entrar em contato com uma empresa, que pode ser uma indústria, um escritório de engenharia, uma construtora, empresas de TI&C, entre outras.

   Em entrevista com engenheiros da empresa escolhida, a equipe deverá identificar um empreendimento e relatar como foram desenvolvidas as etapas de concepção, projeto, implementação e operação do empreendimento.

   Convém explicar ao engenheiro estas etapas, da forma como a equipe as entendeu no texto.

   O relato da(s) entrevista(s) deverá compor um relatório de, no mínimo, 1.500 palavras, destacando o desenvolvimento do produto.

Referências

1. AL-ATABI, M. *Think like an engineer*: use systematic thinking to solve everyday challenges & unlock the inherent values in them. California: Creative Commons, 2014.
2. KIM, W. C.; MAUBORGNE, R. *A estratégia do oceano azul*. Rio de Janeiro: Sextante, 2018.
3. ANDRÉ J. C. *et al. Lições em mecânica das estruturas*: trabalhos virtuais e energia. São Paulo: Oficina de Textos, 2011.

3

Multidisciplinaridade e Visão Sistêmica

Multidisciplinaridade e visão sistêmica examinam, avaliam e definem o
objeto sob diversos olhares; enxergando e compreendendo o
todo através de suas partes.

Introdução

Os projetos de engenharia não envolvem uma única disciplina, isto é, não se consegue atingir o objetivo tratando-o apenas sob a visão especializada de um único saber.

Essa é a dificuldade que enfrentamos ao encarar o primeiro emprego, pois fomos preparados para racionar apenas com recursos associados à nossa habilitação.

Ocorre que todo desenvolvimento novo envolve competências que não cabem em um único curso de engenharia. Assim, este capítulo mostra como o engenheiro moderno deve se preparar para enfrentar os desafios que os novos empreendimentos exigem e como a visão sistêmica contribui para vencê-los.

Multidisciplinaridade

A multidisciplinaridade constitui apenas o primeiro estágio das competências exigidas do profissional. Ela cai sob medida para aquele profissional que não se conforma em ficar restrito ao silo do conhecimento. Entende-se por *multidisciplinaridade* a competência de projetar baseado em conhecimentos oriundos de diferentes disciplinas, restringindo-se, no entanto, a seus limites. A atividade mais simples para caracterizar a ação multidisciplinar é a confecção de uma salada.

A salada é multidisciplinar, à medida que exige de quem a confecciona algum conhecimento sobre verduras, quais sabores combinam e quais temperos usar, não apenas quanto ao tipo da especiaria, mas também quanto as quantidades adequadas, que juntas dão o toque certo e equilibrado ao sabor. Note que não se exige conhecimento adicional algum para se fazer uma boa salada.

O passo avante da multidisciplinaridade é a *interdisciplinaridade*, cuja competência requer capacidade de analisar,

Figura 3.1 Tigela de salada.
rez-art | iStockphoto

Figura 3.2 Ensopado.
Lisovskaya | iStockphoto

sintetizar e harmonizar ligações entre disciplinas dentro de um todo coordenado e coerente. Na gastronomia, por exemplo, a interdisciplinaridade se apresenta ao se fazer um ensopado, pois quem o prepara precisa conhecer os produtos (síntese), os quais são colocados na panela em instantes diferentes (análise), para que atinjam o ponto certo de cozimento ao final do preparo, e, por fim, harmonização, na qual os diversos sabores devem ser equilibrados, de modo a não se ter ingrediente que se destaque em relação aos demais.

A competência mais complexa é a *transdisciplinaridade*, que consiste em integrar disciplinas em um contexto das ciências humanas e transcender limites tradicionais dentro de um conceito abrangente. Na gastronomia, a confecção de um bolo de casamento, que envolve criatividade, é um exemplo adequado.

Na confecção de um bolo, diversos saberes estão envolvidos, e a elaboração é o processo em que a confeiteiro vê a obra representando momentos especiais de felicidade e alegria, sem ficar restrito a limites na sua criação. É com a transdisciplinaridade

Figura 3.3 Bolo de casamento.
sandoclr | iStockphoto

que novas categorias de possibilidades são desenvolvidas e onde a inovação se abriga.

Atingir o estágio da transdisciplinaridade exige competências que vão além daquelas ensinadas nas escolas de engenharia. Nossos cursos são focados no conteúdo, isto é, dedicados a fornecer os conhecimentos tecnológicos inerentes à profissão, que constituem, atualmente, parte das competências exigidas do profissional.

O mercado de trabalho, por sua vez, é complexo e desestruturado. Não existe padrão uniforme de comportamento, de modo que a competência técnica, um requisito importante, não é suficiente para resolver problemas que as instituições enfrentam em um mercado cada dia mais competitivo.

Tony Wagner é professor da Harvard University há décadas. Ocupou nesta universidade várias posições, dentre elas, a gestão do Harvard Innovation Lab, um ambiente lúdico da universidade destinado a estimular a criatividade e inovação entre seus alunos e professores.

Em 2008, escreveu o livro *The global achievement gap*, que elevou Tony Wagner[1] à personalidade mundial na educação. Em sua obra, Tony identifica sete *competências para a sobrevivência* dos profissionais do século XXI, que não são ensinadas nas escolas, mas exigidas de todos os profissionais de nosso tempo.

Essas sete competências de sobrevivência não são aplicadas exclusivamente aos estudantes de engenharia. Além delas, outros atributos são exigidos, como veremos em outros capítulos deste livro. Contar com essas sete competências é uma arma poderosa de sobrevivência em qualquer ambiente profissional, mas como o engenheiro precisa se "destacar na paisagem", algo a mais será dele exigido. São elas:

1. Raciocínio crítico e solução de problemas

O professor Irineu Gianezzi, diretor acadêmico do Insper, em recente manifestação, afirmou que o engenheiro, além de ser o profissional treinado para resolver problemas, deve também ter habilidade de fazer perguntas certas. Irineu está correto, pois existem profissionais que não conseguem expor as dificuldades que enfrentam de forma coerente a fim de que sejam superadas com a ajuda de outros. A despeito de a resolução de problemas ser essencial em nossa profissão, precisamos saber questionar se o problema proposto está correto, se os dados estão completos, se as condições de contorno estão bem estabelecidas.

Um problema com tais características é denominado "problema bem-posto". A exigência dessa competência se faz sentir com mais intensidade em nossos dias em razão da mudança na estrutura administrativa das empresas. No passado, havia uma hierarquia bem definida, ocupada por especialistas em suas áreas, de modo que as ordens vinham "de cima" (*top-down*) e, raramente, eram questionadas.

Na nova ordem administrativa, a hierarquia foi achatada, isto é, os postos hierárquicos se reduziram e passou-se a dar valor às iniciativas vindas de baixo para cima (*bottom-up*). Daí a razão para que os engenheiros, além de resolver os problemas, também saibam formulá-los com a precisão de um raciocínio crítico.

Neste novo cenário, a força de trabalho associada à gestão e à administração se reduziu sensivelmente nos últimos 30 anos, sobretudo após o desenvolvimento das ferramentas computacionais de gestão, com impacto direto na produção.

Assim, antes de encarar o desafio de um projeto, questione-se: o que de fato é preciso para entendê-lo? Alguma coisa já foi feita no passado? Tem alguém pensando nisso? Existem padrões ou modelos que podem ser usados para entendê-lo sob diversos ângulos? Com as respostas a estas questões, o caminho para tomar as primeiras iniciativas estará aberto.

Tudo isso é necessário, pois, anteriormente, a ordem sobre o que fazer vinha do supervisor; agora, o supervisor pergunta à equipe o que deve ser feito para resolver o problema.

O mesmo se pode dizer do cliente. O cliente não mais impõe o projeto que deve ser realizado para resolver seu problema. A função do cliente é produzir, vender e lucrar neste processo. Cabe ao fornecedor identificar o que ele precisa para torná-lo mais eficiente e competitivo. Somente o engenheiro com raciocínio crítico, formulador e resolvedor de problemas consegue cumprir esses requisitos. O cofundador da Apple, Steve Jobs, foi claro: "não podemos ousar em deixar o consumidor imaginar o que ele precisa, somos nós que precisamos gerar as necessidades que ele ainda não imaginou que pudesse vir a tê-las".

Nos encontros sobre gestão de recursos humanos, a maioria dos empregadores elenca o raciocínio crítico como a maior deficiência dos egressos dos cursos de engenharia. Esta carência inibe a iniciativa, de modo que o engenheiro fica esperando uma ordem para dar início ao trabalho, quando, na verdade, todos estão esperando que ele formule o problema adequado, exponha-o à equipe e parta para a solução com segurança.

Identificar esta postura é simples, pois escutamos, com frequência, que determinado colaborador é inteligente, mas não tem iniciativa. A falta de iniciativa é justamente a incompetência de formular problemas novos e pôr a equipe para trabalhar.

2. Colaboração por meio das redes e liderança por influência

As redes de computadores e as facilidades introduzidas pela mobilidade digital mudaram radicalmente o ambiente de trabalho. As equipes – que, no passado, eram denominadas departamentos, estavam concentradas em ambiente único e operavam com hierarquia administrativa estratificada em várias camadas – deixaram de existir.

A tecnologia permitiu a existência da equipe virtual, não mais concentrada, e sim distribuída. Essa distribuição, por sua vez, pode estar restrita aos edifícios da empresa ou, como é comum nas empresas transnacionais, distribuída no planeta.

Trabalhar nesse ambiente exige domínio de ferramentas de comunicação em rede, de gestão de projetos, de simuladores, conhecimento de língua estrangeira (frequentemente, inglês), entre outras, com intimidade suficiente para que o projeto flua com rapidez e eficiência. Sem essa competência de sobrevivência, não há como se integrar à equipe.

Busque continuamente competência nessa área, faça cursos de atualização, ainda que, por vezes, não esteja ligado à sua área de formação original. Não basta apenas ser letrado no uso das principais ferramentas computacionais, pois, para sua sobrevivência, isso não é suficiente. Tudo isso são pré-requisitos para que se consiga trabalhar em harmonia na equipe virtual, e o engenheiro, por sua formação tecnológica, associado ao domínio completo das técnicas de colaboração por meio das redes, está qualificado para ser o líder do grupo. A liderança, nessa nova forma de trabalho, está ligada à capacidade do engenheiro em influenciar pessoas com suas ideias, e não com sua autoridade, como no passado. Cultive essa habilidade cuidando bem de seus espaços nas redes sociais e da prática profissional nas comunicações corporativas, este é o primeiro passo para assumir a liderança da equipe.

3. Agilidade e adaptabilidade

Convivemos com infinidade de ex-alunos e, sempre que os encontramos, conversamos sobre carreiras. Os relatos são os mais diversos possíveis. Vão desde aqueles que seguiram carreira completamente diferente de sua formação até aqueles que decidiram por um novo curso de graduação, pois entenderam que a engenharia não os completaria como profissionais.

No entanto, com todos foi possível observar a profunda mudança ocorrida, nos últimos anos, no mundo do trabalho. Todos, sem exceção, precisaram ter agilidade para se acomodar em um novo cenário difuso e desregulado.

Diferentemente do ambiente de trabalho do século XX, no qual a cadeia hierárquica decidia o que deveria ser feito, no século XXI, com as novas tecnologias disponibilizadas, o conceito de hierarquia da autoridade foi substituído pela hierarquia da influência, na qual as regras existem para serem quebradas.

O ritmo dramático com que surgem novas técnicas de gestão e administração para tornar as instituições mais eficientes leva às empresas a se reorganizarem praticamente todos os anos, e quem não tem agilidade de se adaptar ao novo estado de coisas é expelido do processo.

Durante o processo de reorganização, várias funções desaparecem, de modo que o profissional deve ser capaz de absorver toda sorte de informações, novas situações, e de operar de forma indeterminada e imprevisível para preservar seu posto de trabalho.

4. Iniciativa e empreendedorismo

Por melhor que seja seu raciocínio crítico, sua competência em colaborar em redes com agilidade e capacidade de adaptação pode ainda não ser o suficiente para muitas empresas.

Empresas modernas, que aplicam as técnicas mais avançadas de gestão, procuram colaboradores proativos, cuja atuação independa de iniciativas da cadeia administrativa. Empresas como estas buscam profissionais que encontram soluções criativas para problemas difíceis e desafiadores.

O profissional que, além de propor alternativas, apresenta o espírito empreendedor é o talento que está sendo buscado pelos grandes empresários.

A iniciativa aflora no engenheiro atento ao que ocorre ao seu redor. Não se acomoda ao ver que algo pode ser melhorado sem tomar uma atitude e alertar o usuário.

Quanto ao empreendedorismo, além da iniciativa, devem se somar as ações para criar o projeto que soluciona o desafio, contemplando a concepção do plano de negócios, que garanta não só a viabilidade técnica e econômica da proposta, mas também seus impactos na sociedade e meio ambiente.

O professor Marcello Nitz, da Escola de Engenharia Mauá, define que o engenheiro deve responder a três requisitos na criação de um produto: (i) Ele é factível? Isto é, sua produção gerará produto que funciona adequadamente e atenda às exigências do usuário, com os recursos técnicos disponíveis. (ii) É viável? Isto é, os custos envolvidos na produção são suportáveis pelo fabricante e pelo consumidor em um contexto de negócios favoráveis? (iii) O produto é desejável? Isto é, é algo que dará prazer ao consumidor possuí-lo e, eventualmente, exibi-lo?

A iniciativa e o empreendedorismo não podem ser tratados como atributos naturais de alguma classe de seres humanos, que, eventualmente, nascem com os genes adequados para tal. Iniciativa e empreendedorismo são conhecimento que se aprende e, como tal, deve ser estudado. Não se pode esperar que este conhecimento apareça como geração espontânea de competência.

5. Comunicação efetiva oral e escrita

A figura mais emblemática do bom aluno do passado era o *nerd*: o aluno mais estudioso da classe, que tirava notas altas, não perdia aulas, mas era tímido. O relacionamento dele com os demais era superficial, mas isso não o incomodava. O que ele precisava era tirar notas altas.

Notas altas, no passado, eram um bilhete seguro para bom emprego, pois os empregadores davam toda importância ao histórico escolar do recém-formado. Elas eram suficientes para garantir currículo competitivo e o emprego tão sonhado. Antes, o mercado de trabalho era adequado para esse tipo de profissional. O engenheiro daquele tempo trabalhava isolado, pois não era comum o trabalho em equipe. O gerente era o único que tinha dimensão completa do projeto, e cabia aos engenheiros, que a ele se reportavam, cumprirem com suas obrigações, e tudo estava resolvido.

Com a mudança de cenário, no qual o trabalho em equipe passou a ser a competência mais exigida, a comunicação oral e escrita ocupou espaço que antes não era tão relevante.

Assim, histórico escolar impecável não é suficiente para garantir preferência na competição pela busca do posto trabalho, pois a comunicação escrita e oral, além da capacidade de comunicação gráfica, são competências mais importantes que as competências técnicas em nossos dias.

Leia muito sobre comunicação; a diferença entre o sucesso e o ostracismo pode estar sediada nesta competência.

6. Acessível e analista de informações

A quantidade de dados que o engenheiro tem disponível nos meios digitais é imenso e difuso. Saber encontrá-los, classificá-los e sintetizá-los de forma inteligível é virtude que poucos detêm. Nos anos 1960, Peter Drucker[2] já alertava que saber analisar informações constitui poderosa ferramenta para enxergar novos desafios e oportunidades. Naquela época, não tínhamos disponíveis as facilidades de hoje, a internet só surgiria ao final daquela década, mesmo assim em caráter experimental.

Com os recursos do século XXI, a afirmação de Peter Drucker continua mais atual do que nunca, apesar da prática competente de análise ter sido bastante dificultada pelo excesso de informação disponível.

Saber filtrar informações oriundas das redes sociais exige equilíbrio, isenção, ausência de ideias preconcebidas e sensibilidade apurada da qualidade. Com esses atributos, o engenheiro está apto a buscar conhecimento refinado onde estiver e suprir a equipe com informação útil e segura que não exigirá retrabalho, como ocorre quando se trabalha com informações imprecisas e inverídicas.

Nem toda informação está disponível na rede, muitas estão retidas com pessoas e, para extraí-las, são necessários vários atributos além daqueles já citados.

Dizem que a grande virtude do presidente norte-americano Ronald Reagan não era o conhecimento profundo dos desafios que teve de enfrentar no exercício da presidência daquele país, mas sim o fato de conhecer pessoas qualificadas, que emitiam opiniões corretas, na hora certa, sobre assuntos que ele não conhecia e, partir destas opiniões, formava um quadro preciso do problema e tomava a decisão que considerava segura.

Então, o que fazer para conferir ao engenheiro este atributo? É simples, o engenheiro precisa ficar permanentemente em contato com o que está acontecendo ao seu redor. Deve participar de seminários, congressos e *workshops* em sua área e em áreas correlatas.

Nos *coffee breaks* desses eventos, busque conhecer seus pares, pergunte de onde vêm e o que fazem. Ao final, faça um resumo, para si ou seus superiores, relatando as novidades identificadas em seus concorrentes, as pessoas que conheceu e como elas podem ajudá-los no futuro. Mantenha o contato vivo mediante trocas de mensagens via redes sociais profissionais. Tal prática o manterá atualizado, e quando alguém perguntar algo que não saiba, existe a grande possibilidade de conhecer alguém com o conhecimento que a equipe precisa.

Conhecer pessoas e saber o que fazem, analisar e selecionar informações relevantes corretamente, tornam o engenheiro uma peça fundamental da equipe vencedora.

7. Curiosidade e imaginação

A capacidade de pensar com os dois lados do cérebro é uma habilidade que poucos praticam naturalmente. Dependendo das condições do ambiente, o profissional é levado a realizar tarefas repetitivas, que estimulam apenas pequena parcela de nossa massa cinzenta. Empregados das montadoras de automóveis eram exemplo claro de atividade desse tipo. Ações puramente mecânicas, que exigiam apenas adestramento intenso, eram suficientes para garantir emprego nessas empresas.

A atividade cerebral é classificada, *grosso modo*, pelo lado (ou hemisfério) do cérebro que é estimulado. O lado esquerdo sedia atividades como o pensamento crítico, solução de problemas, competência de acessar e avaliar informações, entre outras. O lado direito é estimulado por ações que exigem curiosidade, imaginação e criatividade.[3]

Os engenheiros são treinados ao longo de sua formação a acionar com mais frequência o lado esquerdo, pois a solução de problemas é a base da profissão.

Para o mercado de trabalho, incluindo neste rol os empresários, apenas as competências sediadas no lado esquerdo do cérebro não são mais suficientes para vencer a concorrência, pois a criatividade é, hoje, a chave do sucesso empresarial.

A necessidade de mudança que, no passado, era lenta adquiriu velocidade imensa neste século. Hoje, se não mudarmos rapidamente, perdemos o trem da história e somos arremessados para fora dos trilhos.

No entanto, para que a criatividade aflore, o lado direito do cérebro deve ser estimulado com a curiosidade e a imaginação, como se fôssemos um artista. A engenharia voltou a ser o que era, ou seja, a viabilização da arte por meio da tecnologia.

Steve Wozniak, sócio do emblemático Steve Jobs na Apple, afirmou com precisão que: "[...] é difícil fazer engenharia com arte, mas é assim que deve ser".

Criatividade e inovação são fatores decisivos não só na solução de problemas, mas também no desenvolvimento e melhoria de novos produtos e serviços.

Pessoas que aprenderam a fazer perguntas inteligentes e inquisitivas são aquelas que se movem rapidamente em nosso ambiente, pois resolvem os grandes problemas de modo a causar maior impacto quando se trata de inovação.

A curiosidade leva a encontrar soluções originais e não convencionais. Ela é a única forma de se chegar à raiz do problema, pois essa postura difere da convencional, na qual o profissional está acostumado.

Na maioria das vezes, as atividades na busca da solução estão contaminadas por limitações que tiveram origem no passado da instituição e na prática diária do trabalho da equipe, que, para minimizar esforços, adota padrões de comportamento que impõem barreiras à criatividade.

A curiosidade tem de estar despojada de todos esses preconceitos. Deve retratar o sonho do profissional na solução do problema enfrentado. Se a solução encontrada for valorosa, não tenha dúvida de que será adotada, mesmo que, para tal, todos os preconceitos sejam violados.

Visão sistêmica

O entendimento global do empreendimento é aquilo que denominamos *visão sistêmica* do projeto.

O primeiro passo consiste na visão sistêmica da organização[4] em que se trabalha, identificando os seguintes aspectos:

- *Organização e administração*: resgate a história da instituição para compreender seu papel na sociedade. A administração leva muito da tradição da empresa, e o grande desafio consiste em identificar as práticas que podem ser evoluídas, sem, no entanto, violá-las.

- *Práticas prescritivas e normativas*: identifique se as práticas utilizadas são resultados de estudos extraídos da ciência ou de estudos de engenharia, ou são receitas viciadas ainda utilizadas pela organização e que podem ser melhoradas.

- *Organização como sistema aberto e sua relação com o ambiente*: a empresa faz parte de um ecossistema constituído por clientes, fornecedores, associações de classe e instituições governamentais e não governamentais, entre outras. A interação aberta entre estes organismos deve ser gerida com profissionalismo e dentro do preceitos da ética.

- *Células do sistema*: o funcionamento de cada célula da organização impacta o desempenho do todo. O conhecimento desse organismo deve ser continuamente atualizado, para que todos entendam a importância de seu papel na organização.

- *Liderança*: a busca pelo indivíduo que compartilha o sucesso com a equipe e assume os fracassos sozinho é a tarefa mais difícil da organização.

- *Qualidade*: a cultura do cuidado de se fazer qualquer tarefa deve estar inserida na missão de qualquer organização.

- *Responsabilidade social, sustentabilidade e gestão ambiental*: o papel do engenheiro de encontrar soluções para os problemas da sociedade não é mais suficiente. No século XXI, o engenheiro deve continuar a busca de soluções, mas que sejam ambientalmente sustentáveis.

Impacto da diversidade de gênero, das mudanças climáticas e da sustentabilidade

Na engenharia do século XX, ainda ensinada na maioria das escolas, não existia a preocupação com as mudanças climáticas, a diversidade de gênero e a sustentabilidade.

O engenheiro, em seu trabalho isolado, encontrava a solução de um problema baseado apenas nos saberes relacionados com sua formação.

Um engenheiro civil não ousava interferir em projetos oriundos de um engenheiro eletricista, e vice-versa. Cada um desses profissionais trabalhava em silos, não conectados, de modo que apenas o gerente geral do projeto tinha a visão completa do empreendimento.

Este modelo de condução de projetos foi superado com o trabalho em equipe e a extinção dos departamentos. A eficiência no desenvolvimento do projeto e, também, a visão de outras questões passaram a ser contempladas pela equipe composta por profissionais com formações distintas, diferentes gêneros e raças.

A convivência desses diversos saberes alertou para a importância da sustentabilidade, de modo que todos os projetos devem garantir o mínimo impacto ambiental com sua inserção no mercado.

A atenção com a origem dos materiais e produtos que o compõem também é objeto de preocupação. Qualquer material é oriundo de uma mina, de um poço de petróleo ou de uma floresta. Saber rastrear a trajetória desse produto, desde sua origem até o momento em que é descartado, denomina-se "análise do ciclo de vida". Em nossos dias, essa análise é mandatória, por evitar qualquer desconforto com o consumidor e garantir boa gestão dos recursos naturais do planeta.

Alguns componentes do produto podem ser produzidos utilizando-se mão obra escrava e de crianças, e devem ser de imediato substituídos. Tudo isso é trabalho que só uma equipe diversificada consegue identificar.

(continua)

Essas considerações se agravam quando vemos que nosso planeta está vivendo uma nova era, denominada "Antropoceno", que é o período durante o qual a atividade humana tem tido influência dominante sobre o clima e o ambiente. Desastres ambientais estão ocorrendo como resultado da ação do homem e não da natureza.

Para que tudo isso seja contemplado no desenvolvimento do empreendimento, a visão segmentada não é mais adequada para que o profissional consolide sua tarefa atendendo aos requisitos aqui apresentados.

O engenheiro precisa agora ter noção do projeto completo, ou seja, a visão global do empreendimento, para que possa identificar todas as partes que serão afetadas pelo seu projeto.

Assim, para que isso se concretize, o profissional tem que ter domínio, ou capacidade de absorver, saberes de áreas distintas de sua formação, para que possa ver as interfaces de seu trabalho com outros visando o objetivo final.

De posse desses conhecimentos, o profissional está apto a identificar, com maior precisão, os subsistemas do projeto em que está envolvido, pois nele está inserido o mesmo DNA da visão da organização.

Isso não deve parecer estranho ao leitor, pois uma empresa que cuida bem de sua marca e dispensa tratamento de respeito e importância a seus colaboradores é aquela que quer ver seu produto bem fabricado e com qualidade comparável aos valores identificados na "visão" da organização.

Finalizando, na economia do conhecimento em que vivemos, temos vários nichos idiossincráticos não só com produtos e negócios, mas também dentro das empresas, justamente por carecerem de precisas análises sistêmicas da organização e do projeto.

Está cada vez mais claro que o trabalhador mais bem-sucedido não é aquele que meramente se adapta às condições de trabalho oferecidas, nem o que sabe simplesmente obedecer, mas aquele capaz de se adaptar de forma a assumir a posição que melhor se ajusta ao seu próprio perfil. É aquilo que chamamos de "adaptabilidade ativa".

Ainda pensamos que o trabalho é dado para as pessoas, no entanto, em nossos dias, é o trabalho que procura as pessoas certas para realizá-lo.

A ideia antiga de que o trabalho é definido pelos empregadores e que os empregados devem fazer o que o empregador manda é um cenário em mutação. O profissional deve ir além daquele básico exigido, para contribuir para o crescimento de sua organização e aproveitar este crescimento para evoluir.

Atividade proposta

1. A construção de uma linha metroviária envolve o conhecimento de grande diversidade de saberes, não só de natureza tecnológica, mas também de caráter social e ambiental.

   Por impactar a sociedade, o projeto tem característica "transdisciplinar". Identifique em macroblocos os projetos que deverão ser empreendidos para a construção da linha. Detalhe o bloco que exigirá projeto de sua área de formação. Ao detalhá-lo, tente relacionar o impacto de seu projeto junto aos demais subsistemas.

Referências

1. WAGNER, T. *The global achievement gap*: why even our best schools don't teach the new survival skills our children need – and what we can do about it. New York: Basic Books, 2008.
2. DRUCKER, P. *Innovation and entrepreneurship*: practice and principles. New York: Harper & Row, 1985.
3. AL-ATABI, M. *Shoot the boss*: leading with stories in the age of emotional intelligence. California: Creative Commons, 2017.
4. GARCIA, E. O. P. *Visão sistêmica da organização*: conceitos, relações e eficácia operacional. Curitiba: InterSaberes, 2016.

4

Implicações Econômicas: a Engenharia na Busca da Sustentabilidade

SUSTENTABILIDADE

> *A verdadeira dificuldade*
> *não está em aceitar ideias novas,*
> *mas escapar das antigas.*
> **John Maynard Keynes**

Introdução

O engenheiro deve ter uma visão ampla do mundo em relação às questões técnicas. Deve desenvolver visão multidisciplinar e ter em mente que é cidadão da sociedade, que tem responsabilidades, principalmente no que se refere aos impactos que seus projetos podem ocasionar no tecido social, no meio ambiente e na economia.

A atuação dos engenheiros, no contexto atual de uma sociedade sustentável, procura ter equilíbrio nos cenários social, ambiental, técnico e econômico e deve respeitar a evolução das necessidades dos grupos sociais, respeitando a história e o entorno. A sustentabilidade, por sua vez, está ligada à visão de uma sociedade que cause menos interferência no planeta e nos recursos finitos, sempre pensando nas gerações futuras.

O engenheiro deve ter noções de sociologia e antropologia para avaliar as consequências da automação de processos na sociedade, principalmente, do surgimento de novas oportunidades de mercado de trabalho e da geração de empregos em novas áreas.

Esses efeitos são fruto do melhor desempenho do processo produtivo e da melhoria de índices de competitividade gerados pela evolução tecnológica, que levam a novas soluções, algumas disruptivas, com novas abordagens e paradigmas para solucionar problemas antigos ou novos, que ainda não existem.

A abordagem econômica deve levar em conta o conceito da análise do ciclo de vida dos produtos e serviços, que permite avaliar os custos envolvidos desde o berço até o túmulo, como se diz na linguagem desta metodologia. Isso significa que o engenheiro deve se preocupar desde a origem da matéria-prima até seu reúso ou descarte final.

Atualmente, estão disponíveis ferramentas de análise de viabilidade técnica e econômica das diversas alternativas de empreendimentos. De modo que se justifica investimento adicional na elaboração do projeto, pois essas ferramentas consideram na análise todos os custos, incluindo investimento, operação e manutenção, seguidos de análise de sensibilidade para identificar as variáveis sensíveis caso a caso.

As tecnologias contemporâneas se preocupam em desenvolver produtos e sistemas, que, além de atender às necessidades básicas dos usuários, utilizam conceitos oriundos do *design* e de técnicas avançadas de comunicação homem × máquina para conceber interfaces amigáveis.

Nessa fase de transição tecnológica da Indústria 3.0 para a Indústria 4.0, ainda se utilizam interfaces manuais em vários equipamentos e sistemas, mas o futuro nos aguarda com interfaces que possibilitarão o aparecimento de auxiliares virtuais, dotados de características que emulam o comportamento humano.

A engenharia é a profissão que mais agrega qualidade de vida às pessoas. Necessidades básicas como alimentação, moradia, saúde, educação, segurança, saneamento, acesso à informação, transporte, lazer, fornecimento de água e energia são dependentes da engenharia.

Desde o momento em que acordamos até a hora de dormir, a engenharia está presente em nossas ações. Assim, com o desenvolvimento tecnológico e o crescimento da população, a presença da engenharia será cada dia mais solicitada. Apesar de problemas sazonais causados por crises econômicas, que são de natureza passageira, a profissão de engenheiro será cada dia mais prestigiada e necessária.

Desde o início dos tempos, as demandas do ser humano foram mudando em função da necessidade do homem em dominar as forças da natureza e utilizar insumos naturais, tais como a capacidade de produzir e transformar energia, processar recursos de origem mineral e aqueles oriundos da fauna e da flora, além de intervir no meio ambiente.

Um exemplo claro é o domínio das energias primárias disponíveis, como: a energia do próprio homem, a dos animais, a das águas, do vento e de fontes naturais, como lenha, carvão mineral, óleos combustíveis e gás natural.

Foi marcante na Primeira Revolução Industrial a invenção da máquina a vapor, que multiplicou a capacidade de utilização da energia mecânica, o que permitiu o aparecimento da primeira inovação disruptiva – o tear movido a vapor – seguido pelas locomotivas e barcos a vapor.

Figura 4.1 Primeira Revolução Industrial.
ilbusca | iStockphoto

No final do século XIX, a exploração do petróleo e de seus subprodutos da cadeia petroquímica e o desenvolvimento da energia elétrica permitiram o surgimento da Segunda Revolução Industrial. Esses insumos foram decisivos para o desenvolvimento do século XX, que foi caracterizado por civilização extremamente dependente destes dois tipos de energias.

A Terceira Revolução Industrial teve início com o surgimento dos computadores, que saíram dos laboratórios de pesquisas das grandes universidades para se inserirem na sociedade, por meio das empresas e agências governamentais.

Figura 4.2 Segunda Revolução Industrial.
clodio | iStockphoto

Esse movimento, causado pela Terceira Revolução Industrial, atingiu seu ponto alto com o advento da internet, dos *smartphones* e dos controladores digitais de alta *performance*, que disponibilizou uma série de serviços à sociedade e alavancou a eficiência e a competitividade das empresas que se mantiveram atualizadas.

Figura 4.3 Terceira Revolução Industrial.
xieyuliang | iStockphoto

Na virada do século XXI, surge uma nova revolução, agora baseada em conceitos assentados na tecnologia digital, que adquiriu, ao longo dos anos, velocidades de processamento nunca imagináveis. Essa nova era, denominada *Indústria 4.0*, inclui, dentre outras facilidades, a Internet das Coisas (IoT), a Inteligência Artificial (IA), não mais associada à substituição de mão de obra braçal, como ocorreu no passado com a utilização dos robôs, mas sim a atividades intelectuais de médicos, advogados, contadores e outros profissionais qualificados.

Figura 4.4 Quarta Revolução Industrial – Indústria 4.0.
JIRAROJ PRADITCHAROENKUL | iStockphoto

No século XX, tivemos vários momentos críticos associados a rancores oriundos das duas Grandes Guerras Mundiais, que envolveram os dois principais atores do palco de batalha: os Estados Unidos e a União Soviética.

A primeira delas foi a Guerra Fria, caracterizada pela corrida espacial, pela crise do petróleo da década de 1970, que ocasionou as primeiras preocupações com o aquecimento global, e pela crise no Oriente Médio.

Com o fim da União das Repúblicas Socialistas Soviéticas (URSS) em 1991, a humanidade começou a mostrar mais sinais de preocupação com o aquecimento global, a se adaptar à globalização das empresas, a se surpreender com a formação da comunidade europeia e com a ascensão da China como potência mundial.

Em paralelo, tivemos mudanças comportamentais e sociais que impactaram toda a população do planeta, acentuando algumas desigualdades internas nos países e entre os grandes blocos.

Recentemente, tivemos o impacto da pandemia de Covid-19 (doença causada pelo coronavírus SARS-CoV-2) na vida e na economia dos países em diferentes níveis.

As diversas crises do petróleo que se sucederam nos alertaram sobre a dependência deste insumo energético e de sua cadeia de produtos associados. Isso gerou um movimento mundial em busca do uso racional e cuidadoso da energia a partir de esforços para garantir bom desempenho de seus produtos com melhor eficiência energética.

Os países também sentiram os problemas do aquecimento global associado à emissão de carbono em razão da queima de combustíveis fósseis, principalmente no transporte, na indústria e na produção de energia elétrica, surgindo então o mercado de carbono.

Sustentabilidade

As empresas reagiram e passaram a fomentar pesquisas para reduzir, muitas vezes por exigência do consumidor, sua contribuição ao aquecimento global e a investir não só em energias renováveis, mas também na mobilidade elétrica e na cadeia do hidrogênio.

Por pressão de cientistas e pesquisadores, foi instituído, no final da década de 1980,[1] o conceito de sustentabilidade, que propõe um balanço entre as soluções técnico-econômicas, sociais e ambientais. Foram também criados organismos para discutir, definir e cobrar metas de emissão de gases de efeito estufa dos países.

Criado, em 1988, pela Organização Meteorológica Mundial (OMM) e pelo Programa das Nações Unidas para o Meio Ambiente (PNUMA), o *Intergovernmental Panel on Climate Change* – IPCC[2] (Painel Intergovernamental de Mudanças Climáticas), que tem a missão de avaliar toda e qualquer informação científica disponível sobre os efeitos das alterações climáticas. É missão desse Painel destacar os principais impactos ambientais e socioeconômicos, traçando estratégias para mitigar as consequências das mudanças pelas quais vem passando o planeta.

A engenharia teve que se adaptar a todas essas mudanças, dando muitos saltos com novas descobertas e invenções que mudaram a qualidade de vida das pessoas. As preocupações sociais e ambientais foram incorporadas na engenharia e nos currículos das escolas a partir da década de 1980.

Os projetos atuais não têm aprovação nem financiamento se não provarem que não são impactantes do ponto de vista socioambiental. Um exemplo disso são os projetos das grandes usinas hidrelétricas, com reservatórios que afetavam severamente toda uma região onde o rio era represado, prejudicando populações locais, a fauna e a flora.

Projetos de novos carros devem levar em conta o aumento da eficiência energética e a redução da emissão de gases poluentes e de efeito estufa, sem os quais são impedidos de serem fabricados.

Os novos edifícios têm selos de sustentabilidade, que levam em conta o impacto na região onde serão construídos, como, por exemplo, o impacto na malha de transporte da região, a gestão do lixo gerado, a eficiência energética e de insumos, como a água, e o aproveitamento da água da chuva.

Vários países criaram etiquetas de eficiência energética de eletrodomésticos, que atestam que alguns equipamentos, como TVs, geladeiras, máquinas de lavar roupa, secadoras de roupa, lâmpadas, painéis fotovoltaicos e outros consomem menos energia que outros menos eficientes, fazendo as mesmas funções.

No Brasil, o órgão que certifica e credita essas qualificações junto ao Instituto Nacional de Metrologia, Qualidade e Tecnologia (Inmetro) é o Programa Nacional de Conservação de Energia Elétrica (Procel).[3] Existe uma rede de laboratórios acreditados que fazem ensaios segundo as normas da Associação Brasileira de Normas Técnicas (ABNT) e qualificam os equipamentos de acordo com suas eficiências. Isso é mostrado ao grande público por meio de etiquetas dotadas de faixas representadas por letras de A a E. Em alguns países, é proibido comercializar alguns equipamentos com eficiência abaixo de determinada faixa de valores.

O Procel é um programa que visa estimular o uso racional de energia elétrica, tendo sido instituído em 30 de dezembro de 1985. É um programa amplo, que tem atuação no setor de edifícios, saneamento, iluminação pública, municípios e nas escolas de ensino médio e fundamental.

Foi criada também uma etiquetagem similar à dos eletrodomésticos para os edifícios (Procel Edifica), onde se avalia o conforto térmico, a iluminação natural e artificial e a envoltória arquitetônica da edificação, atribuindo-se, por exemplo, pontos positivos para a produção de energia própria com painéis fotovoltaicos ou ações de melhoria nas instalações que venham a reduzir o consumo de energia.

O selo do Procel é renovado todo ano para as empresas que têm equipamentos com as melhores eficiências dentro de uma linha de produtos.

A indústria automobilística também utiliza um selo de eficiência similar para os automóveis atribuído pelo programa Conpet,[4] um programa do governo federal instituído em 1991, para prevenir o desperdício no uso de recursos naturais não renováveis.

A partir desse programa, surgiu o selo *Conpet de Eficiência Energética*, que destaca os modelos de produtos que atingem os graus máximos de eficiência energética na *Etiqueta Nacional de Conservação de Energia do Programa Brasileiro de Etiquetagem do Inmetro*. Com o selo, fica mais fácil saber se o consumidor está adquirindo um aparelho que usa a energia de forma racional.

O selo é concedido anualmente pela Petrobras a veículos leves, aquecedores de água a gás e fogões e fornos a gás. Funciona como um estímulo aos fabricantes no desenvolvimento de modelos cada vez mais eficientes.

Nas Figuras 4.5, 4.6 e 4.7, são mostrados exemplos de etiquetas do Procel e do Conpet. A Figura 4.5 mostra a etiqueta dos eletrodomésticos e o selo Procel; a Figura 4.6, a etiqueta e o selo do Conpet; e a Figura 4.7 mostra a etiqueta do Procel Edifica.

Alguns selos ligados à sustentabilidade avaliam, além da questão energética, outros aspectos de uma edificação, como aqueles associados à geração e destino de resíduos sólidos, à gestão da água consumida e do esgoto gerado, ao impacto no transporte na região e ao adensamento da população que se desloca para o edifício.

Os selos ambientais mais utilizados em nosso País são o LEED (*Leadership in Energy and Environmental Design*) e

Figura 4.5 Etiqueta e selo dos equipamentos típicos do Procel.

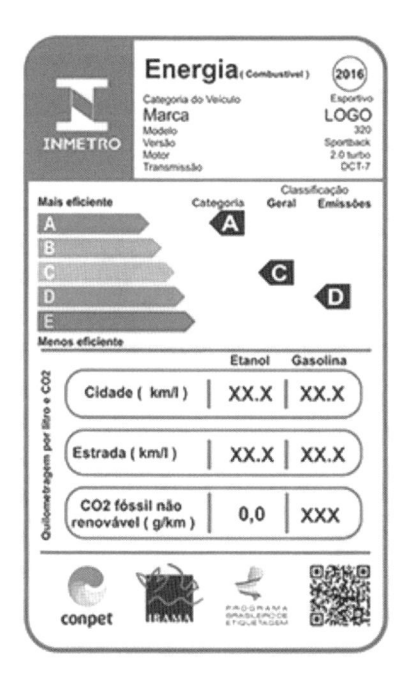 

Figura 4.6 Etiqueta e selo veicular típicos do Conpet.

o AQUA-HQE, que funcionam por meio da classificação e mensuração de seus desempenhos ambientais em diversas funções, certificando as construções.

É o caso do Selo Casa Azul + CAIXA, um instrumento de classificação socioambiental destinado a propostas de empreendimentos habitacionais, que adotem soluções eficientes na concepção, execução, uso, ocupação e manutenção das edificações. A adesão é voluntária e são elegíveis projetos novos em fase de análise ou já analisados e contratados, desde que a obra ainda não tenha sido iniciada. Caso o projeto atenda aos critérios exigidos, o proponente recebe o certificado de concessão do Selo Casa Azul + CAIXA no nível alcançado no ato da contratação, e a Caixa Econômica Federal verificará durante o acompanhamento da obra se o empreendimento será executado conforme o projeto certificado.

O selo AQUA-HQE, desenvolvido a partir da certificação francesa *Démarche HQE (Haute Qualité Environnementale)*,

Figura 4.7 Etiqueta típica do Procel Edifica.

impõe diretrizes que precisam ser seguidas desde o planejamento até a execução dos empreendimentos de alto padrão. Esse qualificador visa garantir um produto final com menos impacto ambiental e maior conforto aos usuários, além de melhor desempenho da edificação.

O selo AQUA SOCIAL é oriundo dos mesmos fundadores da certificação AQUA-HQE. O AQUA SOCIAL é novidade no

Brasil. Lançado em 2018, é aplicado na certificação de empreendimentos econômicos na área de habitação de interesse social.

O selo LEED foi criado, em 1993, pelo United States Green Building Council, mais conhecido como USGBC (www.usgbc.org), e é focado, principalmente, na eficiência energética de casas, condomínio e edifícios com zero energia.

Parques tecnológicos e incubação de empresas

O Brasil estabeleceu uma rede de parques tecnológicos seguindo o exemplo de outros países. Vários deles estão associados e próximos a centros de pesquisa ou universidades de pesquisa, o que facilita a interação de recursos humanos e de compartilhamento da infraestrutura laboratorial.

Alguns desses parques têm programas de incubação de empresas, que lançam editais para fomentar novas ideias, que podem evoluir para produtos e novas empresas. São dadas capacitações para elaborar planos de negócios e orientações para a busca de recursos em órgãos de fomento à pesquisa como o Conselho Nacional de Desenvolvimento Científico e Tecnológico (CNPq), a Financiadora de Estudos e Projetos (Finep) e as fundações de amparo à pesquisa estaduais e consórcios de financiadores e fundos coletivos do tipo *crowdfunding*, entre outras formas de financiamentos, com compartilhamento de direitos sobre o produto desenvolvido e dos ganhos financeiros da comercialização conhecidos como anjos/tubarões.

Estimulados por este novo cenário de inovação e empreendedorismo, as escolas de engenharia passaram a oferecer espaços abertos para os alunos (Espaços Maker, *Fablabs*) destinados ao desenvolvimento de ideias e projetos, que podem vir a ser embriões de empresas incubadas.

Esses espaços são ambientes com infraestrutura de apoio laboratorial para o desenvolvimento e fabricação de protótipos de produtos e serviços dotados de manufatura aditiva (impressão 3D), microtornos, microfresas, cortadoras a *laser*, ferramentas apropriadas, laboratórios de eletrônica e ambientes de modelagem computacional.

Atendimento das necessidades da sociedade

A engenharia está sempre buscando atender às necessidades da sociedade, seja a partir da melhoria dos produtos ou sistemas, seja proporcionando auxílio com processos de gestão eficientes.

O evento emblemático da importância da gestão na engenharia foi retratado por Henry Ford, na virada do século XIX para o século XX, com a produção seriada. A linha de montagem concebida por Ford não só tornou o Ford T barato, possibilitando à classe média acesso a esse bem, mas também ter ganhos na produção, reduzindo custos e aumentando lucros.

A explosão de desenvolvimento pós-Segunda Guerra Mundial levou o mundo a outro patamar de exigências. O *American way of life* mudou completamente com as inovações que surgiram no final da década de 1940. Os eletrodomésticos, como geladeiras, máquinas de lavar roupa, máquinas de lavar louça, televisão, ar-condicionado e outros, tornaram-se o sonho de consumo do norte-americano.

Não demorou muito para que esse movimento se espalhasse pelo mundo. Essa foi a era das grandes mudanças, tanto sob o aspecto do consumo quanto do comportamento social. A pressão para igualdade de direitos entre gêneros e extinção do preconceito racial foi muito forte, e a engenharia seria acionada com intensidade cada vez maior no sentido de construir um novo mundo mais equilibrado e igualitário.

A indústria têxtil e de roupas também se expandiu. Com a engenharia de materiais nascendo, vários tecidos artificiais foram produzidos com o auxílio da indústria petroquímica.

A indústria de alimentos, com o uso de conservantes, também cresceu a níveis nunca vistos, pois a tecnologia desenvolvida pelos engenheiros permitiu maior longevidade dos alimentos, o que possibilitou sua distribuição mundial. A partir dessa época, apareceram os grandes conglomerados de armazenamento, distribuição e venda de alimentos.

O setor de energia elétrica vem se destacando no século XXI. As mudanças tecnológicas deste século se concentram na maior penetração das energias renováveis, como a fotovoltaica e a eólica, que criaram o conceito da geração distribuída, no qual os consumidores podem se tornar produtores e até exportar ou vender o excedente desta energia. Além disso, a possibilidade de armazenar energia elétrica com o uso de baterias abrirá um leque de oportunidades de investimento e inovação, pois tornará possível o uso e a comercialização de energia elétrica armazenada.

Outra janela de oportunidades se observa com o aumento da mobilidade elétrica, em face do crescimento da comercialização de carros, ônibus e caminhões elétricos. Essa solução vai ao encontro do atendimento dos Objetivos de Desenvolvimento Sustentável (ODS) da Organização das Nações Unidas (ONU), pois reduzirá o nível de poluição e contribuirá para a melhoria da saúde da população dos grandes centros urbanos.

Com o advento da inteligência artificial, o setor de energia elétrica está introduzindo o conceito de redes inteligentes, causando elevado impacto na gestão, na operação e na manutenção da cadeia energética. Mantenha-se atualizado sobre esse movimento, pois várias *startups* serão necessárias para atender o *boom* de crescimento.

A expansão da indústria automobilística permitiu a estruturação de uma nova cadeia de fornecimento (*supply chain*) de autopeças para suprir o mercado mundial. A concentração de vários fabricantes em torno de grandes grupos conglomerados mundiais uniu empresas do Oriente e Ocidente. Essa prática apresenta perspectivas de crescimento em quase todos os setores e não apenas na indústria automobilística.

A massificação da produção em nossos dias só se consegue com padronizações. Mesmo no setor de maior complexidade, como o setor de vestimentas, a padronização tornou-se mandatória, apesar de causar inconvenientes naquelas pessoas cujo corpo está fora daquilo que chamamos de socialmente aceitável. No entanto, a criatividade dos engenheiros produziu empresas com o diferencial de oferecer produtos individualizados. Tais empresas oferecem essa alternativa por meio da digitalização dos dados do cliente, via reprodução digital (escaneamento). Hoje, é possível comprar sapatos, calças, camisas sob medida com o uso dessa tecnologia.

A busca pela competitividade tem levado grandes empresas transnacionais a definirem em que país sediará suas fábricas, visando ganhos em impostos reduzidos, insumos (energia, matéria-prima etc.), mão de obra reduzida, considerando neste processo os recursos de transporte, logística e distribuição, com o intuito de minimizar custos. Muitas se instalaram na China, país no qual estas condições são atendidas.

Cabe aqui uma observação: entender de impostos também faz parte do conhecimento do engenheiro. A expressão *isto não é da minha área* não existe mais para o bom profissional da engenharia.

A National Academy of Engineering (NAE)[5] dos Estados Unidos estabeleceu, dentre outros, que um dos grandes desafios dos engenheiros é tornar a educação personalizada. Segundo a NAE, "O crescimento apreciável das preferências e atitudes individuais passou a exigir ações em direção ao aprendizado personalizado", no qual a instrução é sob medida para as necessidades individuais do estudante. Dada a diversidade de preferências individuais, a complexidade de cada ser humano requer soluções de engenharia do futuro para o desenvolvimento de métodos de ensino que otimizem o aprendizado".

A massificação da educação estabelecida na Segunda Revolução Industrial tornou as escolas verdadeiras fábricas de ensinar às pessoas, criando modelos e estruturas industriais para formar indivíduos para trabalhar nas empresas e no comércio, e visando fabricar bens e consumi-los em escala. Essa postura está superada neste século, pois a educação de nossos tempos busca formar um ser humano melhor, que reflita sobre suas ações, que impactam a sociedade e meio ambiente, e não se amolde a padrões do passado.

Os últimos anos da década passada foram marcados pelo crescimento do movimento de atender necessidades particulares de aprendizagem, por meio de ferramentas computacionais, que utilizam modelos de inteligência artificial, baseados em *machine learning* e *deep learning*, que permitem traçar trajetórias de aprendizagem diferentes para cada aluno, dependendo de como este interage com o sistema.

Em futuro próximo, vários estudantes cursando a mesma disciplina seguirão trajetórias diferentes até atingirem o objetivo educacional estabelecido. Para que isso aconteça, a engenharia deverá ser a grande protagonista deste movimento.

Essa temática teve origem na década de 1960, quando foram desenvolvidos sistemas de autoaprendizado, destinados a treinar pessoas nas grandes empresas, no próprio ambiente de trabalho, como foram os casos da IBM, das forças armadas e das companhias de exploração de petróleo.

A engenharia é a única profissão que tem contribuído com os mais diversos setores da sociedade no desenvolvimento de produtos e serviços para melhorar o desempenho e aumentar a eficiência e a produtividade, utilizando-se menos recursos naturais.

O setor que evolui muito com o suporte da engenharia é a área da saúde, com o desenvolvimento de equipamentos para melhorar a qualidade dos exames médicos e as cirurgias. Por exemplo, a inserção de robôs nas intervenções cirúrgicas minimiza erros e sangramentos e as torna menos invasivas e traumatizantes.

A agroindústria, também com a contribuição da engenharia, aumentou a produtividade com soluções de equipamentos e serviços desenvolvidos pelos engenheiros. Animais e rebanhos de animais são controlados por *tags*, que contêm todas as informações do animal, além de sua posição e dados biométricos. Com imagens geradas por *drones*, é possível acompanhar a produção de uma grande fazenda com enormes plantações de culturas diferentes.

Outros setores ligados à infraestrutura de um país também foram beneficiados por soluções desenvolvidas pela engenharia, como os setores de transporte (rodoviário, metroviário, aéreo e aquaviário), fornecimento de energia elétrica, combustíveis, fornecimento e tratamento de água, saneamento, comunicação, segurança.

Não podemos deixar de destacar o setor de mineração e as indústrias de base, como as que trabalham com metalurgia (aço, cobre, alumínio etc.), cimento e matérias-primas de construção, indústria química e petroquímica, automobilística e de alimentos.

O Brasil apresenta setores em que a competência dos engenheiros brasileiros gerou indústrias líderes mundiais em tecnologia na sua área. Dois casos emblemáticos estão associados diretamente à competência dos engenheiros brasileiros. O setor aeronáutico é um deles, pois foram os engenheiros brasileiros que conceberam a terceira maior empresa aeronáutica do planeta, – a Embraer. Os engenheiros aeronáuticos brasileiros são, atualmente, os mais bem remunerados no mercado de trabalho. Outro setor em que a engenharia brasileira se destaca como uma das melhores do mundo é a extração de petróleo. Conseguimos extrair esse combustível a profundidades nunca imagináveis, rompendo as camadas do pré-sal.

No portfólio de oportunidades de emprego para o estudante de engenharia, a pesquisa ocupa lugar relevante. As universidades, institutos de pesquisas e, mesmo as empresas, desenvolvem trabalhos que lançam desafios àqueles que gostam de buscar o inalcançável. A carreira de pesquisador é estimulante, não só pelo incentivo da própria busca do desconhecido, mas também pelos contatos que são estabelecidos com pesquisadores de outros países. O relacionamento internacional abre horizontes, acelera desenvolvimentos e nos coloca em contato com outras culturas que nos eleva como ser humano.

Os engenheiros pesquisadores brasileiros estão envolvidos no desenvolvimento de plásticos biodegradáveis, que poderiam substituir os plásticos produzidos na indústria petroquímica, tão prejudiciais ao meio ambiente e causando, por exemplo, um mar de micropartículas de plástico.

O setor da construção civil tem se beneficiado dos resultados dos pesquisadores brasileiros de uma área de extrema importância para nosso País, com o desenvolvimento de novos materiais e processos de construção e gestão.

A construção pré-fabricada, que permite produzir peças e estruturas com técnicas industriais, facilitou o processo de construção de edificações. Mais recentemente, a possibilidade do uso de impressoras 3D permitiu a produção de peças e elementos construtivos, paredes e até pontes e casas inteiras, mudando totalmente o ambiente dos canteiros de obras.

A engenharia aplicada ao comércio melhorou a segurança dos magazines, pelo uso intensivo de dispositivos de segurança baseados na tecnologia de identificação por radiofrequência (RFID). Esta técnica, praticamente eliminou o furto nas organizações que as utilizam. O setor portuário faz uso em larga escala desta ferramenta para reduzir roubos no pátio de terminais de cargas.

A grande vedete desta década é, sem dúvida, a tecnologia 5G. Essa tecnologia não consiste apenas em melhorar a velocidade de acesso a dados; vai bem mais além. O 5G poderá causar revolução tecnológica semelhante ao lançamento do computador pessoal na década de 1980. Prevê-se a extinção do Wi-Fi e o controle de equipamentos sem uso de intermediários. A educação será a grande beneficiada desta tecnologia. O conceito de sala de aula será totalmente modificado, abrindo possibilidades enormes de aceleração no acesso ao conhecimento e no aprendizado, com a implementação do ensino personalizado.

O que era ficção em passado recente agora é o dia a dia nos desenvolvimentos daquilo que chamamos de "tecnologias emergentes". Falamos, por exemplo, da era de materiais da nanotecnologia, que a cada dia nos surpreende com novidades e aplicações.

Um novo mundo nos espera, mas para isso precisamos da boa engenharia. Estudem com afinco, pois o mundo dependerá de seu trabalho.

Atividades propostas

Escolha uma das atividades e a desenvolva com seu grupo de trabalho. Elabore um texto de 500 palavras para relatar as conclusões extraídas das discussões.

1. Discuta historicamente as soluções, sob o aspecto das vantagens e desvantagens, de problemas provocados pela ação humana no decorrer da história para:
   a) Cocção e preparação de comida.
   b) Abrigo e moradia.
   c) Fornecimento de água potável para consumo.
   d) Formas de energia e como transformá-la para diversas atividades que exigem ampliação e força motriz.
   e) Meios de transporte de pessoas e cargas.
   f) Iluminação artificial.
   g) Resíduos urbanos.
   h) Saneamento.

2. Verifique no *site* do Procel/Inmetro quais equipamentos elétricos são etiquetados, hoje, no Brasil. Verifique também quais são as faixas de rendimento encontrados nas atuais faixas A, B, C, D e E de geladeiras e máquinas de lavar roupa e pesquise no *site* do Conpet quais as principais faixas de eficiência dos aquecedores de água para consumo residencial e fogões a GLP.

3. Pesquise sobre as aplicações atuais da nanotecnologia.

Referências

1. ORGANIZAÇÃO DAS NAÇÕES UNIDAS. *Report of the World Comission on Environment and Development*: Our Common Future. 1987. Disponível em: https://sustainabledevelopment.un.org/content/documents/5987our-common-future.pdf. Acesso em: 3 out. 2020.
2. THE INTERGOVERNMENTAL PANEL ON CLIMATE CHANGE – IPCC. Disponível em: https://www.ipcc.ch/. Acesso em: 17 set. 2020.
3. PROGRAMA NACIONAL DE CONSERVAÇÃO DE ENERGIA ELÉTRICA – PROCEL. Disponível em: https://eletrobras.com/pt/Paginas/Procel.aspx. Acesso em: 17 set. 2020.
4. PROGRAMA NACIONAL DA RACIONALIZAÇÃO DO USO DOS DERIVADOS DO PETRÓLEO E DO GÁS NATURAL – CONPET. Disponível em: http://www.conpet.gov.br/portal/conpet/pt_br/pagina-inicial.shtml. Acesso em: 17 set. 2020.
5. NATIONAL ACADEMY OF ENGINEERING – NAE. *NAE grand challenges for engineering*. Disponível em: http://www.engineeringchallenges.org/challenges.aspx. Acesso em: 3 out. 2020.

5

Comunicação

O mais importante na comunicação é ouvir o que não foi dito.

Peter Drucker

Você é apaixonado pelo que faz?

A comunicação é o atributo mais nobre do engenheiro. Todo o sucesso profissional e também o da empresa dependem da boa comunicação.

O engenheiro que concebe inovação não conseguirá implementá-la se não conseguir convencer pares e investidores da importância da ideia. Conseguir traduzi-la de forma coerente ao público-alvo se aprende praticando e seguindo poucas orientações.

Como engenheiro criativo, com certeza ama aquilo que faz. A paixão é inerente ao profissional inovador. A coisa nova, traduzida em um produto ou sistema, é concebida com incrementos contínuos, cada vez menores, e durante esta concepção o engenheiro fica permanentemente conectado com a criação e se apaixona por ela.

Se é isso que sente, o primeiro passo para o sucesso está dado, pois a forma de se expressar ao falar refletirá a sinceridade dos atos e palavras e lhe darão confiança. Demonstre paixão pelo que faz, caso contrário todos perceberão que falam com uma fraude.

Conte uma história

A história deve dar início a qualquer apresentação. O interesse pela história é inerente ao ser humano. Se esta história for saga pessoal, tanto melhor. Exemplos de vida ativam o cérebro, cujas glândulas produzem a dopamina, que deixa o interlocutor ligadíssimo naquilo que está falando.

Histórias envolvendo a criação da empresa ou de empresas emblemáticas do seu ramo de atividade encontram-se também entre as boas práticas para dar início a apresentação. Essa prática fornece bons resultados quando se quer dar aula. A atenção da classe volta-se para o professor quando a história aparece no contexto.

Assim, escolha entre estas opções a abertura da palestra. Se puder obedecer a esta hierarquia, tanto melhor, pois histórias pessoais costumam ser emotivas e facilmente sensibilizam a audiência:

- histórias pessoais;
- histórias sobre outras pessoas;
- histórias sobre marcas de sucesso.

História para contar

O artigo de Elisabetta Mori publicado na "IEEE Spectrum", em maio de 2019, relata o esforço italiano para construir o computador em 1959. Esta história fascinante é ótima para ser contada na abertura de palestra sobre empreendedorismo e inovação, pois o sonho, prestes a se realizar, se dissipou em tragédia.

A história começa em 1957, quando Mario Chou, engenheiro eletricista de pai chinês e mãe italiana, lançou para o Olivetti Electronics Research Laboratory o desafio de construir um computador. O entusiasmo era grande e contagiou a equipe, e, em menos de dois anos, o *Macchina Zero* foi construído. Nenhuma companhia italiana havia conseguido tal feito.

Os desenvolvimentos subsequentes foram ainda maiores, pois as válvulas da primeira versão foram substituídas por transistores, fruto da associação da Olivetti com a Fairchild – aquela mesmo, que no futuro se chamaria Intel.

Isso não teria acontecido sem a ação do visionário Adriano Olivetti, filho de Camilo Olivetti, criador da famosa marca de máquinas de escrever e de somar. Camilo mandou o filho estudar nos Estados Unidos para aprender tudo sobre organização industrial norte-americana, após concluir seu curso de engenharia química no Politécnico de Turim. Em 1938, Adriano assume a presidência da Olivetti.

Empreendimento dessa magnitude não podia deixar de ter braço internacional, o qual ficou a cargo de Dino Olivetti, irmão mais novo de Adriano.

A Olivetti, para atingir os objetivos, trabalhou em parceria com universidades italianas. Começou com a Universidade de Roma "La Sapienza", sem sucesso. Migrando seus investimentos para a Universidade de Pisa, em 1955, o projeto caminhou e deu à Olivetti a segurança de que precisava para levar a cabo o projeto.

Nos Estados Unidos, Adriano conheceu Mario Chou, de quem já falamos, e identificou o líder que precisava para o desenvolvimento do produto.

A necessidade de componentes eletrônicos, sobretudo transistores, que, na época, era insumo difícil de ser adquirido em grandes quantidades na Europa, levou a empresa a desenvolver o fabricante deste componente na Itália.

Nascia a SGS, que produzia transistores sob licença, com tecnologia da General Electric (GE), e, um pouco mais tarde, em parceria com a Fairchild. Com essa tecnologia na mão, a Olivetti construiu o ELEA 9003, comparável ao IBM 7070 e o Siemens 2002.

A arte e o *design* italianos também foram envolvidos no projeto. O arquiteto italiano Ettore Sottsass Jr. projetou o ELEA 9002 com interface centrada no ser humano, cujas facilidades tornaram-se referência no *design* e na arquitetura computacional.

Mas uma tragédia estava para acontecer. Em 27 de fevereiro de 1960, Adriano Olivetti morre de AVC enquanto viajava de trem de Milão para Lausanne, aos 58 anos de idade, e, no ano seguinte, Mario Chou, com apenas 37 anos, é morto em um acidente de carro.

Após as mortes de seus líderes, o sonho italiano começou a desmoronar, a ponto de ser comprada pela GE, como estratégia da empresa para se inserir no promissor mercado europeu de computadores.

O legado da Olivetti foi enorme. Considerado o mais elegante *design* de computadores, influenciou os demais fabricantes em todo o mundo.

Leia o artigo de Elisabetta Mori.[1] Você poderá extrair dele várias histórias que poderão ajudá-lo a fazer uma apresentação de sucesso.

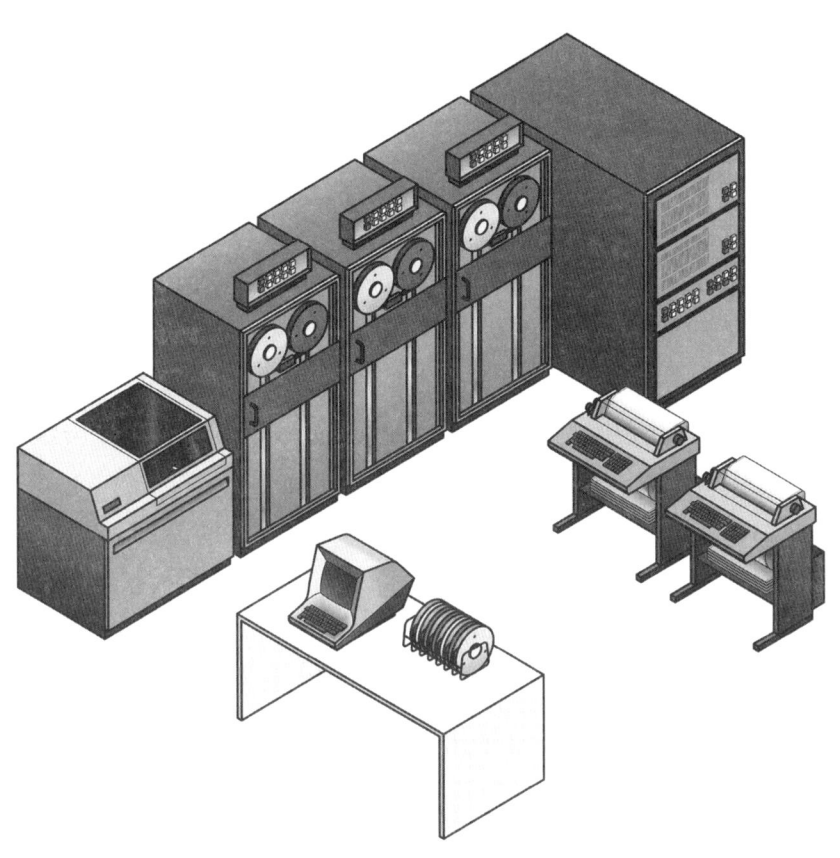

Figura 5.1 O *design* Olivetti.
ZernLiew | iStockphoto

Sempre dá certo

No relato histórico, inclua vilões e heróis; é fácil encontrar aquele que possa dar boa introdução à apresentação. O concorrente da empresa, por exemplo, é o grande vilão e pode estar tentando fazer aquilo que está pensando. Chegou a hora de o herói vencer a concorrência e nada melhor do que quem fala para assumir esse papel.

Falar em público é combinação de quatro parâmetros: ritmo da fala, isto é, a velocidade com que se dirige ao público; o volume de voz; a tonalidade da inflexão; e as pausas.

Carmine Gallo,[2] que pesquisou as características dos conferencistas TED, sugere que a velocidade ideal é de 150 a 160 palavras por minuto. Acima disso, a dificuldade de acompanhamento do raciocínio é agravada e, abaixo disso, a possibilidade de a apresentação ficar enfadonha é muito grande.

Cuidado com a ansiedade. Ela o leva a falar rápido e alto; controle o volume da fala, seja natural, converse com a audiência expondo naturalidade.

Algumas palavras merecem ser enfatizadas, escolha-as bem mudando o tom do discurso e, por fim, gerencie pausas. A pausa causa expectativa e prende a atenção do ouvinte.

Ariano Suassuna, dramaturgo, romancista, ensaísta, poeta e professor brasileiro, é figura emblemática da literatura brasileira. Adorava dar palestras em universidades, instituições públicas e privadas. Ouvi-lo (e vê-lo) em vários pronunciamentos encontrados no YouTube é excelente exercício. Além de nos dar maravilhosa lição de cultura brasileira, torna-se muito fácil identificar o principal atrativo da boa apresentação, a naturalidade.

Conversar com a audiência é a melhor ferramenta de comunicação que leva o ouvinte a acreditar no conferencista. A postura natural está associada à linguagem corporal do líder e sempre mostra ar de confiança. Agindo assim, o público tem segurança de não estar ouvindo um impostor.

Grande conferencista norte-americano é o general Colin Powell, que, além de destacar a importância desses quatro parâmetros nos discursos, aponta a importância do contato visual com a plateia e sugere: evite tossir, gaguejar, colocar as mãos no bolso, cutucar o nariz ou se coçar!

Por fim, a boa apresentação é fruto de treino, treino e muito treino. Mas vale todo o sacrifício, pois dele se origina o sucesso.

O papel do PowerPoint

O PowerPoint, criado em 1984 pela empresa Forethought Inc., tornou-se marco na história do *software* ao ser adquirido pela Microsoft em 1987. A grande divulgação dessa ferramenta, agregado ao robusto suporte tecnológico, se tornou instrumento obrigatório nas apresentações, em substituição às antigas transparências de acetato.

A novidade agradava aos conferencistas pela facilidade de criar *slides* impactantes, cuja exposição atraía mais atenção da audiência do que o orador.

Os primeiros a reagirem à ditadura do PowerPoint foram os alunos. Críticos constantes dos professores usuários da ferramenta nas aulas como simples substituição à lousa, sem as devidas adaptações.

O PowerPoint permitiu ministrar o conteúdo em menor tempo e tornar a aula monótona, inviabilizando o estudante a fazer anotações e agir de forma proativa na aula expositiva.

Com o passar dos anos, a técnica de utilização evoluiu, foi reação natural, pois constatou-se que o conferencista transferia a atenção da audiência para a ferramenta, de modo que se fosse ele ou qualquer outro a comentar aquele *slide* o efeito seria o mesmo.

Assim, o PowerPoint, de herói tornou-se o vilão dos apresentadores. No entanto, a história se repete, e a famosa afirmação "ruim com ele, pior sem ele" levou a um novo modo de convivência entre o apresentador e a ferramenta.

O PowerPoint, ou *softwares* similares desenvolvidos posteriormente, é utilizado nas apresentações de forma criteriosa, com o objetivo de impactar a audiência com imagens, estáticas ou dinâmicas, frases de efeito, vídeos curtos, mas nunca para introduzir o conteúdo com textos longos e enfadonhos.

Não carregue o *slide* com textos, porque isso leva a audiência a procurar anotá-los e deixar de prestar atenção naquilo que fala. A boa apresentação tem o mínimo de texto. Especialistas sugerem que 40 palavras é o limite máximo na apresentação. Parece pouco, mas não é. Utilize-as nos títulos, nas chamadas de impacto, nunca para dar informação completa que dispense o apresentador. Guarde o sucesso para você, e não para o PowerPoint.

Use e abuse de imagens, vídeos curtos e gráficos. Acionados na hora certa, tornará a dinâmica da palestra ou do curso ministrado o acontecimento, e todos se lembrarão por muito tempo.

A regra dos três

O cérebro humano é uma máquina genial, porém, limitada. Quando submetido à exposição intensa de conhecimento, requer considerável consumo de energia para absorvê-la.

Assim, limite o número de significados da apresentação. Aqui entra a regra dos três, tão comum ao ser humano. Lembre-se de que esse número está ligado a muitos acontecimentos da humanidade. São três os reis magos, o lema francês contém três palavras (liberdade, igualdade, fraternidade), são três as leis de Newton, a maioria das bandeiras dos países tem três cores. O número três tem razão de ser, pois é o limite de significados absorvidos com facilidade. Em qualquer conteúdo com mais de três significados, parte dele é descartada, portanto, limite a apresentação à introdução de apenas três significados. Esse é o limite seguro de processamento do ser humano ao receber conteúdo de forma concentrada.

O tempo

O consumo de energia na absorção do conhecimento, como já destacado, é elevado e cansa. Especialistas identificaram que o máximo de exposição admissível na aquisição de novo conhecimento é de 18 minutos. Isso mesmo, 18 minutos!

As palestras do canal TED no YouTube são todas com esta duração; as variações em torno deste indicador são pequenas. Se quiser ensinar algo novo e efetivo aos alunos, atente a este limite. Exponha-os, no máximo, a três significados no limite de tempo sugerido.

Passados os 18 minutos, mude de estratégia e faça-os trabalhar em atividade que permita a conexão com o restante da classe e a praticar o trabalho em equipe. Esta é a filosofia da aprendizagem ativa.

O tempo da escrita voltou

A escrita adquiriu, em nossos dias, o protagonismo da comunicação. O aparecimento das redes sociais levou-nos à redação. A comunicação por telefone é reduzida, tornou-se algo íntimo.

É comum enviarmos uma mensagem no WhatsApp ao nosso interlocutor pedindo autorização para chamá-lo.

Escrevemos várias mensagens todos os dias que, quando escritas com cuidado, lapidam nossa imagem na sociedade. Na busca de colocação, a primeira ação do entrevistador, antes de entrevistá-lo, é entrar na sua rede social e ler o conteúdo.

O cuidado na redação, o estilo praticado e a propriedade das coisas ditas são as chaves do sucesso.

Com a transformação da sociedade, escrever bem se tornou atributo essencial nas empresas. A comunicação escrita ocupa posição privilegiada na lista de qualidades que os empregadores buscam nos novos contratados.

O topo da lista é a liderança, seguida pela competência do trabalho em equipe e a terceira posição é a escrita. Portanto, dedique-se com perseverança no domínio dessa técnica, pois será mais fácil se tornar não apenas um líder, mas também aquele que trabalha em equipe com eficiência.

Essas três competências são conhecidas no mercado corporativo como *soft skills*, que se tornaram tão relevantes quanto o conhecimento técnico do futuro engenheiro. Pesquisas apontam que a falta de *soft skills* é a maior deficiência dos candidatos a postos de trabalho intelectual.

No trabalho de consultoria, o engenheiro vive escrevendo relatórios para clientes, não há como ficar alheio na busca dessa competência.

Para os engenheiros das empresas contratantes, resta a tarefa de avaliá-los com cuidado. Se os relatórios estiverem escritos com ausência de clareza e concisão, estarão sujeitos a críticas, acarretando atrasos e inviabilizando soluções criativas.

Prepare-se para escrever

Como toda atividade intelectual, escrever exige preparo e reflexão. Reflita sobre o texto a ser produzido. Quais são as seções do documento? Qual é o título adequado? Tudo precisa ser bem pensado antes de encarar o desafio da redação.

Algumas empresas utilizam modelo padronizado de Relatório. Se informe sobre isso. Se a forma de apresentação é livre, pratique a criatividade, mas responda apenas às demandas das pessoas que o encomendaram.

Assegure-se das informações contidas no documento; se são precisas e isentas de interpretações duvidosas na análise. Problemas de interpretações geralmente se apresentam quando o documento se refere a números, tabelas, gráficos.

Estas informações serão úteis nas conclusões e recomendações. Não publique dados duvidosos. Na dúvida, procure a fonte.

Lembre-se de que, se está escrito, a responsabilidade é de quem escreveu. Não adiantará justificar o erro depois, mesmo sugerindo a origem em outra fonte, pois isso só reafirmará a frágil confiabilidade do documento.

Quanto à organização

Comece a organização do documento escrevendo, em sequência, frases curtas sobre a temática do documento. Reflita sobre a ordem dessas frases. A sequência temporal está adequada? E a sequência hierárquica, está correta?

A técnica jornalística ajuda nesta tarefa. De início, responda às perguntas: O quê? Quem? Como? Quando? Onde? Por quê? E, por fim, se for o caso, acrescente: Quanto?

Dad Squarisi e Arlete Salvador[3] sugerem no livro de sua autoria, *A arte de escrever bem*, o significado dessas questões. Segundo as autoras:

- *O quê?* Está relacionado com o objetivo do estudo realizado, gerador do Relatório. Se este relatório é o documento final do TCC, esta questão é respondida descrevendo os objetivos da pesquisa realizada. Atente que todo objetivo é limitado. Portanto, defina também nesta etapa o escopo do trabalho. O escopo delimita o alvo a ser atingido.

- *Quem?* Agora a resposta deve contemplar não só quem demandou o estudo, mas também a equipe responsável por realizá-lo. No caso do TCC, destaque o laboratório e/ou a equipe envolvida na pesquisa.

- *Como?* Esta é a hora de contar a história. Descreva como surgiu a ideia que justificou o investimento de tempo (e dinheiro) no estudo. Justificativa bem redigida dá confiança ao demandante do trabalho e segurança do bom investimento. No caso do relatório final do TCC, a justificativa deve contemplar os benefícios agregados à sociedade com a pesquisa realizada. Se não pensou nisso, é hora de refletir sobre o impacto do TCC na sociedade. Talvez encontre surpresas nesta reflexão.

- *Quando?* É hora da linha do tempo. Estudo algum é fechado sobre si mesmo; é fruto da evolução do conhecimento, e esta evolução deve ser apresentada. O detalhamento dos fatos marcantes que marcaram a evolução deste conhecimento deve ser explicitado, com o objetivo de mostrar ao leitor os criteriosos estudos realizados e a metodologia científica utilizada. Aproveite, neste momento, para deixar clara sua posição no cenário científico do conhecimento, apontando eventuais originalidades não observadas pelos demais pesquisadores dedicados a essa temática.

- *Onde?* Para quem ou para que o estudo é destinado. É hora de indicar o eventual grupo social tomado como base para o estudo, podendo ser um departamento da empresa ou mesmo toda empresa. No caso do TCC, pode ser a linha de pesquisa para qual o trabalho contribuirá com evolução incremental para o avanço do conhecimento.

- *Por quê?* A importância do trabalho deve ser destacada nesta etapa. Justifique a razão da escolha da temática, seja por imposição de superiores, seja pela escolha do tema da pesquisa de acordo com as instruções do orientador. Motivos de natureza social, ambiental e melhoria da eficiência de produtos ou sistemas são os mais sensíveis para os avaliadores do relatório.

- *Quanto?* Qualquer ação tomada foi fruto de investimentos e qualquer recomendação dá origem a dispêndio de recursos. Este número deve estar destacado no documento com o respectivo cronograma de aplicação.

A redação

Se essas questões foram respondidas, a redação do Relatório será tarefa fácil. Se o documento é a monografia do TCC, os seguintes títulos deverão estar presentes e o conteúdo extraído das respostas às questões anteriores. São eles:

- *Título:* reflita sobre o título representativo do trabalho realizado, o mais curto possível. Títulos extensos são difíceis de memorizar e remetem à insegurança. Evite exceder 100 caracteres. Divida-o em duas partes. A primeira parte deve ser tão genérica quanto possível, pois facilita a busca. A segunda, seguida de dois pontos, fornece a direção do trabalho. Se o TCC for sobre eletromagnetismo, aqui vai uma sugestão:

  Problemas de Eletromagnetismo – Abordagem
  por Métodos Numéricos

  Títulos curtos e genéricos são mais referenciados e o trabalho pode causar maior impacto na comunidade envolvida na temática.

- *Objetivo:* siga a orientação da definição do título. O objetivo geral deve ser genérico e ligado à área de conhecimento do trabalho. Na sequência, em destaque ou não, apresente os objetivos específicos, que foram aqueles considerados no estudo. Se o TCC se refere a bombas cardíacas, poderíamos considerar:

  - Objetivo geral: estudo sobre bombas de fluidos não newtonianos, seguido de texto descritivo.
  - Objetivo específico: desenvolvimento de bomba para dispositivo de auxílio ventricular, seguido de texto descritivo.

- *Justificativa:* descreva o porquê do estudo realizado e apresente o problema resolvido. Destaque o potencial dos ganhos, se a solução proposta for adotada.

- *Metodologia:* este é o capítulo denominado *núcleo duro* pelos pesquisadores. Todos os desenvolvimentos teóricos e experimentais devem ser retratados com seriedade e ética científica exigidos. Referências de trabalhos anteriores consultadas devem ser citadas. Nos trabalhos experimentais, as características dos instrumentos de medida utilizados na aquisição dos dados experimentais devem ser detalhadas. Utilize subtítulos para destacar a importância de cada etapa.

- *Estudo de caso:* este é o capítulo dedicado a comprovar as previsões do capítulo anterior. Escolha o caso representativo utilizado nos desenvolvimentos experimentais ou nas simulações. Demonstre, mediante resultados numéricos, ou não, a aderência ao comportamento esperado retratado no capítulo anterior.

Justifique desvios encontrados, pois todo modelo tem limite de aplicação, no qual previsões estabelecidas são aplicáveis. Esta atitude retrata seriedade e leva o leitor a confiar que não está diante de uma fraude.

- *Conclusão:* a conclusão é o capítulo mais delicado do TCC, pois retrata a interpretação dos resultados pelo principal conhecedor do trabalho, o autor. A conclusão deve ser genérica, não apresentar números já citados em outros capítulos. Deve-se destacar a aderência dos resultados previstos com aqueles obtidos a partir de experimentos ou simulações. Não se preocupe com uma conclusão curta, no entanto, destaque como os resultados do trabalho recomendam a aplicação.

- *Agradecimentos:* agradeça a pessoas e instituições que ajudaram o trabalho chegar a bom termo. Não é hora de agradecer aos pais ou namorado(a). Restringir-se ao profissionalismo já é o suficiente.

- *Referências:* siga o padrão ABNT. Não tem erro. Cite apenas trabalhos que, de fato, foram consultados, pois questões sobre eles poderão surgir dos avaliadores e, se não forem respondidas de imediato, comprometerá a credibilidade da pesquisa.

Revise o trabalho à exaustão, erros sempre aparecem. Submeta a versão inicial ao orientador com prazo hábil para leitura e análise e então discuta, se possível, com um profissional da área para colher impressões e reescrever os pontos que podem causar dificuldades de interpretação.

Se o relatório é fruto de trabalho profissional da empresa, identifique se o modelo escolhido está aderente ao adotado pela companhia. Seja perspicaz e descubra o que os outros querem saber. Organize-se e planeje a redação. Não pense enquanto escreve e não escreva enquanto pensa.

Fale com os interessados no trabalho para identificar a linha de raciocínio a tomar. Não vale a pena enveredar por caminhos que não atraiam a atenção do leitor.

Não se esqueça, engenheiros avaliam viabilidade econômica. Vai dar lucro? Quando? Quanto? São as respostas que se espera do trabalho. Mãos à obra.

Quanto à língua

Dizem que a língua portuguesa é difícil, mas não é verdade. A prática da escrita amadurece a competência nesta arte e retribui prestígio ao autor.

O protagonismo da escrita promoveu a publicação de vários livros sobre como escrever bem. Alguns estão citados nas referências deste capítulo. São livros diferentes do padrão técnico de uma obra didática com fins acadêmicos, no entanto, conseguem atingir o objetivo pela forma como "dicas" de redação simples são introduzidas.

Saber que não se escreve "a grosso modo" e sim *grosso modo* (em itálico, sem a preposição "a"), é um detalhe que poucos aprendem nas escolas, no entanto, essa prática agrega erudição ao autor.

A prática da escrita nas redes sociais cria vícios, com frequência, transmitidos para textos formais. No WhatsApp, o parágrafo não existe, é um detalhe; no entanto, texto com parágrafos bem organizados confere charme especial ao documento, causa boa impressão.

Fique alerta quanto ao uso de jargões, clichês e neologismo, muitos oriundos do inglês ou francês. Esqueça *budget, feedback, kick off* e outros, substitua por *orçamento, avaliação, inaugurar*. Esqueça também os clichês que passam ideia de "não originalidade". Evite *zona de conforto, quebra de paradigmas, janela de oportunidades, novo normal*, entre outros.

Seja cioso quanto ao uso do gerúndio. Escrever "estamos providenciando" e "estaremos respondendo" são exemplos que deixam claro que o autor não sabe o que responder e que está "enrolando".

Seja preciso e claro. Suponha que o destinatário não tem conhecimento do assunto. Elabore um contexto para deixar claro o objetivo da mensagem.

A negação causa repulsa. Ser positivo é a alternativa para enfrentar situações de recusa. Encontre um sinônimo para a negação. Prefira *faltar* a não ir, *ignorar* a não saber. Há sempre uma forma de negar sem usar o não.

Não se arrependa de cortar palavras e encurtar textos. Para que escrever "buscar uma solução"? Não é melhor escrever "solucionar"? Existem infinidades de locuções que podem ser comprimidas e que enriquecem o documento.

Redundâncias são motivos de críticas e comentários maldosos. Para que escrever "*A Comissão necessita saber quais os docentes que têm condições de se aposentar de imediato*", se poderia ser mais bem escrito "*A Comissão necessita saber os docentes com condições de se aposentar.*"

Advérbios terminados em *mente* são supérfluos. Encerrar *definitivamente*. Basta encerrar. *Terminantemente* proibido. Basta proibido. *Atualmente*, as pessoas compram na internet. Basta escrever as pessoas compram na internet.

Retire pronomes de seu texto (um, uma, uns, umas, seu, sua, seus, suas) para deixá-lo profissional. Por exemplo:

... desconsidere essa mensagem caso tenha realizado o seu recadastramento.

Não fica melhor assim?

... desconsidere essa mensagem caso tenha realizado o recadastramento.

Seja parcimonioso no uso de adjetivos.

Estou com uma dúvida muito básica sobre o uso de uma ponte portátil de impedâncias.

Que tal assim?

Estou com dúvida sobre o uso da ponte de impedâncias.

Por fim, assegure-se de que os quês são dispensáveis. Em vez de *Os professores que lecionam no prédio da engenharia civil devem avisar aos alunos* [...], por que não *Os professores do prédio da engenharia civil devem avisar aos alunos* [...]?

Enfim, a qualidade da escrita é lapidada com a prática. Adquira o hábito da escrita cuidadosa. Com esse atributo bem consolidado, o caminho para o mercado de trabalho está pavimentado.

Atividades propostas

1. O processo seletivo exigido por uma empresa de consultoria requer a produção de vídeo de dois minutos de duração, no qual o candidato deve se apresentar e destacar as qualidades aderentes ao posto. Escolha o tipo de consultoria de sua preferência e produza o vídeo com *smartphone*.

2. Produza uma apresentação no PowerPoint, ou ferramenta equivalente, destacando as qualidades do candidato para o posto. Para isso, utilize apenas quatro *slides*.

Referências

1. MORI, Elisabetta. *The Italian computer*: Olivetti's ELEA 9003 was a study in elegant ergonomic design. Disponível em: https://spectrum.ieee.org/tech-history/silicon-revolution/the-italian-computer-olivettis-elea-9003-was-a-study-in-elegant-ergonomic-design. Acesso em: 3 mar. 2021.
2. GALLO, Carmine C. *Talk like TED*: the 9 public-speaking secrets of the world's top minds. New York: St. Martin Press, 2014.
3. SQUARISI, Dad; SALVADOR, Arlete. *A arte de escrever bem*: um guia para jornalistas e profissionais do texto. São Paulo: Contexto. 2019.

6

Ética, Normas e o Exercício da Profissão

*A falta de ética e de
responsabilidade no trabalho
coloca em risco nossa dignidade.*

Introdução

A ética é competência essencial para a formação do engenheiro. A vida pessoal e profissional deve ser pautada, em todas as suas ações, por postura ética, não só quanto ao uso de recursos, sejam materiais e humanos, mas também quanto aos impactos sociais, ambientais e econômicos causados por estas ações e pelas soluções de engenharia adotadas.

Sabemos que a ética é um conjunto de princípios ou normas pelos quais se pauta a conduta humana. Ela vale para todos os aspectos da vida, no âmbito pessoal, na esfera profissional ou qualquer outra interação humana. Assim, a ética na engenharia é a ciência que também deve acompanhar todas as tomadas de decisões em projetos ou em serviços realizados pelos profissionais dessa carreira.

Assim, entre os cânones fundamentais do código de ética profissional, acabam por se destacar dois em particular:

- Zelar pela segurança, pela saúde e pelo bem-estar das pessoas durante a execução das tarefas profissionais.
- Realizar serviços apenas nas áreas de sua competência.

No entanto, por diversas razões, esses princípios éticos nem sempre são seguidos adequadamente.

É importante que o aluno de engenharia conheça todo o sistema de normas vigentes no País ligadas à Associação Brasileira de Normas Técnicas (ABNT)[1,2] e aos órgãos de regulamentação do governo nas áreas de atuação, assim como as normas internacionais, que, muitas vezes, não têm espelho no Brasil. Também as normas de associações internacionais nas quais o Brasil é participante, como as normas ISO, por exemplo, ou normas IEC, ASME, entre outras.

Existem também os órgãos que cuidam da metrologia, que devem igualmente ser conhecidos. No caso do Brasil, quem trata dessa área é o Instituto Nacional de Metrologia, Qualidade e Tecnologia (Inmetro),[3] responsável pela acreditação de equipamentos produzidos e comercializados no País. Muitos desses produtos recebem uma etiqueta que garante a eficiência dentro de uma escala, e os equipamentos mais eficientes recebem um selo de qualidade, procedimento adotado também por órgãos similares em outros países.

Ética e moral

Nas tradições éticas do Ocidente, existe a teoria dos deveres (deontologia) e aquela que estuda os fins e as consequências (teleologia), que podem ser expressas como a ética das convicções e a das responsabilidades.[4]

Figura 6.1 Ética e diversidade.
Rawpixel | iStockphoto

Os grupos profissionais devem distinguir entre direitos e deveres do próprio grupo daqueles considerados em relação aos usuários e clientes de seus serviços e conhecimento.

As faltas éticas que um profissional pode incorrer são de três ordens: a ignorância, a imperícia e a negligência.

A ignorância é culpada quando vem do desconhecimento do estado da arte de uma disciplina. A ignorância consciente deve ser culpada e penalizada pelas organizações dos profissionais e as legislações.

A imperícia está ligada a se ter capacidades e experiência que se mostraram insuficientes ou não puderam ser demonstradas.

A negligência acontece quando se tem conhecimento e experiência e não se faz o que é pedido por motivos doutrinários, descuido, imprudência ou falta de previsão.

Cases *de ética na engenharia*

Em muitos casos, acidentes acabam causando perdas de vidas, impactos na infraestrutura, que implicam prejuízos financeiros e, muitas vezes, impactos na vida das pessoas no entorno. Muitos desses problemas estão mais associados à falta de ética na engenharia do que a questões técnicas.

Nesse contexto, um dos casos de falta de ética na engenharia mais conhecido no Brasil é a tragédia do edifício Palace II, no Rio de Janeiro. Nesse caso, ocorreu o desabamento do prédio, com a morte de oito pessoas em 1998.

Mais recentemente, no entanto, outros dois casos de tragédias também estão associados ao descumprimento dos preceitos de ética na engenharia:

- O rompimento da barragem do Fundão, em Mariana, em 2015.
- O rompimento da barragem de Brumadinho, em 2019.

Muitos erros de engenharia são associados a grandes obras ou empreendimentos, que, quando geram acidentes, provocam grande impacto midiático na sociedade.

Muitas empresas acabam convocando *recall* de alguns produtos para corrigir erros. Esses *recalls* são muito comuns no setor automobilístico, onde montadoras pedem que os donos de alguns carros os enviem às oficinas para a troca de peças, em função da comprovação de erro de projeto ou fabricação que impactou em fragilidade da peça ou do sistema.

Situações de obras de engenharia onde a execução não segue o que estava previsto no projeto são comuns, pois alterações na compra da quantidade ou características técnicas inferiores do material utilizado ou, ainda, material não certificado, permitem redução de gastos, gerando superávits que podem ser desviados pelas empresas que executam a obra.

Alguns países, por exemplo, instituíram sistemas de acreditação da execução da obra de instalações elétricas, onde uma instituição reconhecida verifica se o projeto foi executado corretamente e com os componentes certificados. Mão de obra e a execução de projetos são também acreditadas por órgãos similares ao Inmetro. Um exemplo disso são as certificadoras da execução de projetos de instalações elétricas que existem em alguns países da Europa, como, por exemplo, a Certiel, de Portugal.

ABNT

A ABNT é o foro nacional de normalização por reconhecimento da sociedade brasileira desde sua fundação, em 28 de setembro de 1940, e confirmado pelo governo federal por meio de diversos instrumentos legais.

Entidade privada e sem fins lucrativos, a ABNT é membro fundador da International Organization for Standardization (Organização Internacional de Normalização – ISO), da Comisión Panamericana de Normas Técnicas (Comissão Pan-Americana de Normas Técnicas – Copant) e da Asociación Mercosur de Normalización (Associação Mercosul de Normalização – AMN). Desde sua fundação, é também membro da International Electrotechnical Commission (Comissão Eletrotécnica Internacional – IEC).

A ABNT é responsável pela elaboração das Normas Brasileiras (ABNT NBR), elaboradas por seus Comitês Brasileiros (ABNT/CB), Organismos de Normalização Setorial (ABNT/ONS) e Comissões de Estudo Especiais (ABNT/CEE). Desde 1950, a ABNT atua, também, na avaliação da conformidade e dispõe de programas para certificação de produtos, sistemas e rotulagem ambiental. Essa atividade está fundamentada em guias e princípios técnicos internacionalmente aceitos e alicerçada em uma estrutura técnica e de auditores multidisciplinares, garantindo credibilidade, ética e reconhecimento dos serviços prestados.

Trabalhando em sintonia com governos e com a sociedade, a ABNT contribui para a implementação de políticas públicas, promove o desenvolvimento de mercados, a defesa dos consumidores e a segurança de todos os cidadãos.

Normas ISO

Em 1946, em Londres, 65 autoridades de 25 países se reuniram para discutir meios de facilitar internacionalmente a coordenação e unificação de padrões industriais. Em 23 de fevereiro de 1947, a ISO inicia oficialmente suas atividades com 67 comitês técnicos, tendo mudado sua sede, em 1949, para Genebra, na Suíça, onde permanece até hoje. A ISO aprova normas internacionais em um grande número de áreas de interesse econômico e técnico. O Brasil é membro desde a fundação oficial, em 1947.

Uma das normas que mais ficou consagrada é a ISO 9001, um sistema de gestão com o intuito de garantir a otimização de processos, de conferir maior agilidade no desenvolvimento de produtos e na produção a fim de satisfazer aos clientes e alcançar o sucesso sustentado.

O Sistema de Gestão da Qualidade (SGQ) funciona como um instrumento para ajudar o gestor a encontrar e corrigir processos ineficientes dentro da organização. Além disso, a ISO 9001 é uma forma de documentar a cultura da organização, permitindo que o negócio cresça mantendo a qualidade dos bens e serviços prestados.

Por se tratar de um sistema internacional concebido pela ISO, com o propósito de desenvolver e promover normas que possam ser utilizadas por todos os países do mundo, é uma ferramenta que pode ser adotada por qualquer empresa, de qualquer porte, e, por isso, *é a norma mais conhecida e adotada em todo o mundo pelas empresas de sucesso.*

Em 1993, surge o TC 207, Comitê Técnico para elaboração de uma série de normas relacionadas à Gestão Ambiental, composto por 30 países-membros (inclusive o Brasil) e 14 observadores. Em 1996, é publicada a ISO 14001, além da 14004, 14010 e 14011, traduzidas para o português pela ABNT, na série NBR ISO 14000, válidas a partir de dezembro de 1996. A ISO 14001 especifica os requisitos de um Sistema de Gestão Ambiental. A versão de 2015 incorpora, além de questões estratégicas, a preocupação com a cadeia de valor e o ciclo de vida, entre outras mudanças.

Foram desenvolvidas uma série de normas internacionais e nacionais visando os conceitos de sustentabilidade e eficiência, e um exemplo é a norma ISO 50000.

A série de normas 50000 da ISO é uma das novas ferramentas para melhoria do desempenho energético. Ela nasceu da discussão sobre gestão da energia em alguns países, em 2005, o que levou, posteriormente, ao envolvimento de várias partes interessadas e a comunidade internacional, determinando em 2007 a necessidade de uma nova norma. Em 2008, a ISO aprovou a proposta dos Estados Unidos e Brasil para conduzirem esta tarefa, por meio de seu Comitê Técnico TC 242.

Depois de cinco reuniões plenárias, com a participação direta de 48 países e de mais 17 como observadores, foi publicada, em junho de 2011, a primeira norma da Série 50000, a norma *ISO 50001 – Sistemas de Gestão da Energia: Requisitos com Guia para Uso*, que se baseou em diversas normas nacionais e na norma europeia EN 16001. Também em junho de 2011 foi publicada a norma brasileira, a ABNT NBR ISO 50001.

Inmetro

Durante o Primeiro Império, foram feitas diversas tentativas de uniformização das unidades de medida brasileiras. Mas, apenas em 26 de junho de 1862, Dom Pedro II promulgava a Lei Imperial nº 1157 e com ela oficializava, em todo o território nacional, o sistema métrico decimal francês. O Brasil foi uma das primeiras nações a adotar o novo sistema, que seria utilizado em todo o mundo.

Com o crescimento industrial do século seguinte, fez-se necessário constituir, no País, instrumentos mais eficazes de controle que viessem a impulsionar e proteger produtores e consumidores.

Em 1961, foi implantado o Instituto Nacional de Pesos e Medidas (INPM), que implantou a Rede Brasileira de Metrologia Legal e Qualidade, os atuais IPEM, e instituiu o Sistema Internacional de Unidades (SI) em todo o território nacional.

Logo, verificou-se que isso não era o bastante. Era necessário acompanhar o mundo na sua corrida tecnológica, no aperfeiçoamento, na exatidão e, principalmente, no atendimento às exigências do consumidor. Era necessário a Qualidade.

Em 1973, nascia o Inmetro, que, no âmbito de sua ampla missão institucional, objetiva fortalecer as empresas nacionais, aumentando sua produtividade por meio da adoção de mecanismos destinados à melhoria da qualidade de produtos e serviços.

O Inmetro é uma autarquia federal, vinculada ao Ministério do Desenvolvimento, Indústria e Comércio Exterior, que atua como Secretaria Executiva do Conselho Nacional de Metrologia, Normalização e Qualidade Industrial (Conmetro), colegiado interministerial, um órgão normativo do Sistema Nacional de Metrologia, Normalização e Qualidade Industrial (Sinmetro).

Objetivando integrar uma estrutura sistêmica articulada, o Sinmetro, o Conmetro e o Inmetro foram criados pela Lei nº 5.966, de 11 de dezembro de 1973, cabendo a este último substituir o então Instituto Nacional de Pesos e Medidas (INPM) e ampliar significativamente seu raio de atuação a serviço da sociedade brasileira.

No âmbito de sua ampla missão institucional, o Inmetro objetiva fortalecer as empresas nacionais, aumentando sua produtividade por meio da adoção de mecanismos destinados à melhoria da qualidade de produtos e serviços. "Sua missão é prover confiança à sociedade brasileira nas medições e nos produtos, através da metrologia e da avaliação da conformidade, promovendo a harmonização das relações de consumo, a inovação e a competitividade do País."[2]

Dentre as competências e atribuições do Inmetro, destacam-se:[2]

- Executar as políticas nacionais de metrologia e da qualidade.

- Verificar a observância das normas técnicas e legais, no que se refere às unidades de medida, métodos de medição, medidas materializadas, instrumentos de medição e produtos pré-medidos.

- Manter e conservar os padrões das unidades de medida, assim como implantar e manter a cadeia de rastreabilidade dos padrões das unidades de medida no País, de forma a torná-las harmônicas internamente e compatíveis no plano internacional, visando, em nível primário, à sua aceitação universal e, em nível secundário, à sua utilização como suporte ao setor produtivo, com vistas à qualidade de bens e serviços.

- Fortalecer a participação do País nas atividades internacionais relacionadas com metrologia e qualidade, além de promover o intercâmbio com entidades e organismos estrangeiros e internacionais.

- Prestar suporte técnico e administrativo ao Conselho Nacional de Metrologia, Normalização e Qualidade Industrial – Conmetro, bem assim aos seus comitês de assessoramento, atuando como sua Secretaria-Executiva.

- Fomentar a utilização da técnica de gestão da qualidade nas empresas brasileiras.

- Planejar e executar as atividades de acreditação de laboratórios de calibração e de ensaios, de provedores de ensaios de proficiência, de organismos de certificação, de inspeção, de treinamento e de outros, necessários ao desenvolvimento da infraestrutura de serviços tecnológicos no País.

- Coordenar, no âmbito do Sinmetro, a certificação compulsória e voluntária de produtos, de processos, de serviços e a certificação voluntária de pessoal.

O Inmetro tem apoiado escolas de engenharia no sentido de introduzir uma série de disciplinas em seus cursos. Uma que mais se destaca é a Metrologia em Engenharia Mecânica. Essa disciplina trata dos seguintes conteúdos:

- Histórico das Medidas.
- Conceitos Fundamentais de Metrologia.
- Metrologia e Padronização.
- Vocabulário Internacional de Metrologia (VIM).
- Unidades de Medidas e o Sistema Internacional de Unidades (SI).
- Sistema Metrológico Mundial.
- Sistema Interamericano de Metrologia (SIM).
- Sistema Nacional de Metrologia (Simmetro).
- Conselho Nacional de Metrologia (Conmetro).
- Instituto Nacional de Metrologia (Inmetro).
- Áreas da Metrologia e suas principais atividades.

O exercício da profissão de engenharia

O Conselho Federal de Engenharia e Agronomia (Confea) e os Conselhos Regionais de Engenharia e Agronomia (CREAs) são autarquias que surgiram a partir do Decreto nº 23.559, de 11 de dezembro de 1933, e responsáveis pela verificação, fiscalização e aperfeiçoamento do exercício e das atividades das áreas profissionais da engenharia, agronomia e geociências. As competências do Conselho Federal e dos Conselhos Regionais estão reguladas na Lei nº 5.194, de 24 de dezembro de 1966.

O chamado Sistema Confea/CREA[5,6] é o conjunto formado pelo Confea e pelos CREAs atuando de forma associada e coesa em prol de um objetivo comum: zelar pela defesa da sociedade e do desenvolvimento sustentável do País, observados os princípios éticos profissionais. A intenção de se buscar essa unidade de ação é que tais órgãos fiscalizadores – que possuem, cada um, personalidade jurídica própria – trabalhem de forma sinérgica, de modo a potencializar suas entregas aos cidadãos.

Os Conselhos Regionais de Engenharia, Arquitetura e Agronomia (CREA) são entidades de fiscalização do exercício de profissões de engenharia, arquitetura e agronomia, em seus estados. Entre as atribuições dos CREAs, estão (art. 34 da Lei nº 5.194/1966):[6] "criar as câmaras especializadas; examinar reclamações e representações acerca de registros; julgar e decidir, em grau de recurso, os processos de infração da legislação profissional enviados pelas câmaras especializadas; julgar, em grau de recurso, os processos de imposição de penalidades e multas; organizar o sistema de fiscalização do exercício das profissões reguladas pelo Sistema; examinar os requerimentos de registro e expedir as carteiras profissionais; cumprir e fazer cumprir a presente legislação profissional e as resoluções baixadas pelo Conselho Federal; criar inspetorias e nomear inspetores especiais para maior eficiência da fiscalização; organizar e manter atualizado o registro das entidades de classe e das escolas e faculdades que devam participar da eleição de representantes nos plenários dos CREAs e do Confea e registrar as tabelas básicas de honorários profissionais elaboradas pelos órgãos de classe".

Os cursos de engenharia são reconhecidos pelas câmaras de curso dos CREAs/Confea a partir da análise de seus projetos pedagógicos de curso, permitindo ao engenheiro formado nesses cursos exercer a profissão e ter atribuições profissionais podendo, assim, assinar Anotação de Responsabilidade Técnica (ART) e assumir a responsabilidade pela execução de projetos.

A principal resolução que rege, hoje, as atribuições funcionais dos engenheiros é a Resolução nº 1.073, de 14 de abril de 2016,[7] que regulamenta a atribuição de títulos, atividades, competências e campos de atuação profissionais registrados no Sistema Confea/CREA para efeito de fiscalização do exercício profissional, no âmbito da engenharia e da agronomia.

As atividades profissionais designadas poderão ser atribuídas de forma integral ou parcial, em seu conjunto ou separadamente, mediante análise do currículo escolar e do projeto pedagógico do curso de formação do profissional, observado o disposto nas leis, nos decretos e nos normativos do Confea, em vigor, que tratam do assunto.

Aos profissionais registrados nos CREAs são atribuídas as atividades profissionais estipuladas nas leis e nos decretos regulamentadores das respectivas profissões, acrescidas das atividades profissionais previstas nas resoluções do Confea, em vigor, que dispõem sobre o assunto. Para efeito de fiscalização do exercício profissional dos profissionais registrados nos CREAs, ficam designadas as seguintes atividades profissionais:

- Atividade 01 – Gestão, supervisão, coordenação, orientação técnica.
- Atividade 02 – Coleta de dados, estudo, planejamento, anteprojeto, projeto, detalhamento, dimensionamento e especificação.
- Atividade 03 – Estudo de viabilidade técnico-econômica e ambiental.
- Atividade 04 – Assistência, assessoria, consultoria.
- Atividade 05 – Direção de obra ou serviço técnico.
- Atividade 06 – Vistoria, perícia, inspeção, avaliação, monitoramento, laudo, parecer técnico, auditoria, arbitragem.
- Atividade 07 – Desempenho de cargo ou função técnica.
- Atividade 08 – Treinamento, ensino, pesquisa, desenvolvimento, análise, experimentação, ensaio, divulgação técnica, extensão.
- Atividade 09 – Elaboração de orçamento.
- Atividade 10 – Padronização, mensuração, controle de qualidade.

- Atividade 11 – Execução de obra ou serviço técnico.
- Atividade 12 – Fiscalização de obra ou serviço técnico.
- Atividade 13 – Produção técnica e especializada.
- Atividade 14 – Condução de serviço técnico.
- Atividade 15 – Condução de equipe de produção, fabricação, instalação, montagem, operação, reforma, restauração, reparo ou manutenção.
- Atividade 16 – Execução de produção, fabricação, instalação, montagem, operação, reforma, restauração, reparo ou manutenção.
- Atividade 17 – Operação, manutenção de equipamento ou instalação.
- Atividade 18 – Execução de desenho técnico.

Acreditação de cursos de engenharia

Existem organizações independentes que acreditam cursos de engenharia por meio de um processo com indicadores mínimos que permitem a atuação profissional de engenheiros de escolas que têm essa acreditação em alguns países. É o caso da Accreditation Board for Engineering and Technology (ABET),[8] nos Estados Unidos, e da European Network Accreditation of Engineering Education (ENAEE),[9] na Europa.

Na região da América do Sul, foi criado o Sistema de Acreditação Regional de Cursos de Graduação do Mercosul (ARCU-SUR),[10] que formulou um modelo de acreditação de cursos de engenharia e algumas outras áreas, como Agronomia, Arquitetura, Enfermagem, Veterinária, Medicina e Odontologia, entre alguns países da região (Argentina, Bolívia, Brasil, Chile, Colômbia, Uruguai, Paraguai).

Por meio do ato de acreditação, os Estados-membros e associados do Mercosul reconhecem mutuamente a qualidade acadêmica dos títulos ou diplomas outorgados por instituições universitárias, cujos cursos de graduação tenham sido acreditados conforme esse Sistema, durante o prazo de vigência que estabelece o documento emitido pela respectiva Agência Nacional.

A acreditação no Sistema ARCU-SUR será impulsionada pelos Estados Partes do Mercosul e os Estados Associados, como critério comum para facilitar o reconhecimento mútuo de títulos ou diplomas de grau universitário para o exercício profissional em convênios ou tratados ou acordos bilaterais, multilaterais, regionais ou sub-regionais que venham a ser celebrados a esse respeito.

Atividades propostas

Reúna sua equipe e escolha um dos títulos. Reserve 15 minutos para discussão e, em seguida, redija um texto de 500 palavras resumindo as conclusões.

1. Acesse na internet o código de ética do Confea/CREAs e discuta em grupo quais são as condutas éticas esperadas do profissional de engenharia e quais são as dificuldades que podem abalar cada uma dessas condutas.

2. Procure na internet dados sobre o projeto da Usina Hidrelétrica de Belo Monte, no rio Solimões, na Região Norte do Brasil, e faça uma discussão sobre a proposta inicial do projeto e a que foi implementada no final, confrontando os custos envolvidos (custos de implantação da obra e custos de operação e manutenção), a capacidade de fornecimento de energia e os impactos ambientais causados pelas duas alternativas na região.

3. Consulte, no *site* da ABNT, quais os tipos de normas que existem e procure as normas pertinentes à área do seu curso de engenharia. Consulte, também, quais são as principais organizações de normas de outros países, como Estados Unidos, França, Alemanha, Inglaterra, Itália, Portugal, Espanha, Austrália, Canadá, Japão, China, Índia, Coreia do Sul e Rússia, assim como as associações internacionais que congregam vários países.

4. Procure no *site* do Confea e faça uma discussão em grupo sobre a resolução mais recente (Resolução nº 1.073/2016), que trata das atribuições profissionais da engenharia e a forma de expandir essas atribuições. Discuta a questão do engenheiro, que pode estar fazendo cursos reconhecidos de pós-graduação, difusão, especialização e atualização, ter atribuições em outras áreas de engenharia, mesmo sem ter feito o curso de graduação de sua formação original naquela área que pleiteia a expansão de atribuições.

Referências

1. ASSOCIAÇÃO BRASILEIRA DE NORMAS TÉCNICAS – ABNT. Disponível em: http://www.abnt.org.br/. Acesso em: 28 jan. 2020.
2. ASSOCIAÇÃO BRASILEIRA DE NORMAS TÉCNICAS – ABNT. *História da normalização brasileira*. São Paulo, 2011. Disponível em: http://www.abnt.org.br/images/pdf/historia-abnt.pdf. Acesso em: 28 jan. 2020.
3. INSTITUTO NACIONAL DE METROLOGIA, QUALIDADE E TECNOLOGIA – INMETRO. Disponível em: http://www4.inmetro.gov.br/. Acesso em: 28 jan. 2020.
4. STEPKE, F. L.; DRUMOND, J. G. F. *Ética em engenharia e tecnologia*. Brasília: Confea, 2011.
5. CONSELHO FEDERAL DE ENGENHARIA E AGRONOMIA – CONFEA. *Decreto nº 23.569*, de 11 de dezembro de 1933.
6. CONSELHO FEDERAL DE ENGENHARIA E AGRONOMIA – CONFEA. *Lei nº 5.194*, de 24 de dezembro de 1966.
7. CONSELHO FEDERAL DE ENGENHARIA E AGRONOMIA – CONFEA. *Resolução nº 1.073*, de 19 de abril de 2016. Disponível em: http://normativos.confea.org.br/ementas/visualiza.asp?idEmenta=59111. Acesso em: 17 set. 2020.
8. ACCREDITATION BOARD FOR ENGINEERING AND TECHNOLOGY – ABET. Disponível em: https://www.abet.org/accreditation/. Acesso em: 17 set. 2020.
9. EUROPEAN NETWORK FOR ACCREDITATION OF ENGINEERING EDUCATION – ENAEE. Disponível em: https://www.enaee.eu/. Acesso em: 17 set. 2020.
10. SISTEMA DE ACREDITAÇÃO REGIONAL DE CURSOS DE GRADUAÇÃO DO MERCOSUL – ARCU-SUL. Disponível em: http://arcusul.mec.gov.br/index.php/es/. Acesso em: 17 set. 2020.

ASSISTA À VIDEOAULA

7

Socorro, Amanhã Tenho Entrevista!

Ninguém é igual a ninguém.
Todo ser humano é um estranho ímpar.
Carlos Drummond de Andrade

Introdução

Amanhã é o grande dia. Chegou a hora de ficar cara a cara com o selecionador. O desenvolvimento tecnológico de nossos dias não nos garante se este encontro será com um "ser humano" ou uma tela de computador que o conecta com um pacote computacional baseado em "inteligência artificial".

Independentemente de seu interlocutor, suas reações deverão ser as mesmas. O ser humano observará sua postura, suas reações faciais, sua linguagem corporal e tentará extrair do encontro as competências exigidas pela vaga disponível.

A ferramenta computacional baseada em técnicas de Inteligência Artificial (IA) fará o mesmo e poderá observar algo mais, além daquelas identificadas pelo ser humano.

Essa diferença ocorre porque, na entrevista virtual, o sistema de IA observará o seu entorno, isto é, o ambiente em que você está imerso, pois este também é fonte de informação para o processamento, já que está ligado à sua personalidade.

Será muito estranho se o entrevistado afirmar ser um profissional organizado inserido em um ambiente "bagunçado".

A associação da personalidade com o ambiente em que está inserido não é identificada quando um "ser humano" o entrevista, pois o encontro é realizado em ambiente controlado pelo entrevistador.

Esta é a principal razão que muitos defensores da seleção com técnicas de IA apontam para afirmar que a seleção virtual é melhor que a seleção presencial.

Os avanços observados nas técnicas de IA, que vão da *machine learning* a *deep learning*, vislumbram cenários que indicam que a IA será a grande ferramenta de análise comportamental do futuro, se já não o é!

Qualquer que seja o interlocutor, sua postura deve ser a mesma. A psicologia desenvolveu técnicas eficientes de análise comportamental. Pensar que pode enganar o selecionador com representação teatral é erro primário de qualquer entrevistado.

Todos nós temos competências naturais, fruto de nossa trajetória de vida. Algumas se desenvolveram mais do que outras, em razão do uso contínuo em atividades anteriores. Outras nem tanto, por não nos ter sido exigidas no passado.

Precisamos torcer para que aquelas que florescem com mais evidência em nossas reações sejam aquelas exigidas pela vaga; se não for o caso, estaremos fora do processo.

Se isso ocorrer, não se abale. Aquela empresa não o merece. Levante a cabeça e siga em frente.

Talvez já tenha ouvido que alguns, por habilidades em bem representar, conseguiram posições sem estarem dotados das competências adequadas para a vaga; isso pode ocorrer porque o processo seletivo também está sujeito a falhas. No entanto, este profissional, ao começar a trabalhar, sentir-se-á um corpo estranho na equipe, fato que poderá colocar em risco sua credibilidade.

Competências se adquirem

Muitos julgam que as competências necessárias para garantir tranquilidade na vida profissional são aquelas exigidas pelo cargo que exerce atualmente. Cuidado, não é bem assim.

Nunca se acomode, pois, neste século, em que as regras são fluidas e quebradas a todo instante, a imprevisibilidade está presente. Quando tudo está azul como céu de brigadeiro, desconfie. Acomodar-se é risco muito grande que não pode ser desprezado. É hora de buscar o novo, pois nuvens cinzentas podem aparecer.

Ter competências diversas o dotará da flexibilidade necessária para se adaptar com velocidade a qualquer novo cenário.

Existem dois tipos de competências:

1. Competências de sobrevivência.
2. Competências específicas da profissão.

As competências de sobrevivência são aquelas aplicadas a qualquer profissão, isto é, quem quer trabalhar em posições qualificadas precisa tê-las. A comunicação é uma delas. Quem não consegue se comunicar de forma clara e precisa, perde espaço em qualquer atividade profissional.

Competências específicas estão ligadas à profissão. O engenheiro, por exemplo, deve ter raciocínio analítico e deve ser organizado. Deve ter boa formação básica de ciências e nas ciências das engenharias, além de dominar outro idioma.

Neste livro, tratamos das competências inerentes à nossa profissão, no entanto, neste capítulo, vamos discutir como externá-las, para que sua personalidade real aflore e seja identificada pelo selecionador.

Inicie o processo dando um pouco do seu tempo na leitura de trajetórias de profissionais de sucesso. Isso se encontra, com frequência, nos jornais, revistas e em artigos publicados em redes sociais.

Preste atenção naquilo que fizeram para chegar ao topo da carreira, pois, com certeza, identificará as mesmas qualidades em todos, com pequenas *nuances* resultantes do momento em que viveram as grandes experiências de suas vidas.

Com certeza, encontraremos palavras como: persistência, idealismo, paixão, autoconhecimento, dedicação, aprender com erros, foco no objetivo, entre outras.

Além dessas, outras não classificadas como competências tão importantes quanto as primeiras.

Começaremos pelos "valores". Essa palavra encerra conteúdo rico, pois está associada a todo histórico de vida transmitido a nós por nossa família, incluindo ancestrais, que, considerado o ambiente em que vivemos, pode se tornar ainda mais preciosa.

Valores como honestidade, ética, afetividade, tolerância, convivência natural com a diversidade, compaixão e outros pavimentam o caminho do profissional de sucesso.

Vida baseada em valores positivos garante ao profissional os requisitos da autoestima, que o faz acreditar no seu potencial; do autocontrole, que permite se controlar nas entrevistas e gerenciar respostas negativas para extrair delas conhecimento para superação nos próximos desafios. Lembre-se de que será o *não* que o ajudará a enxergar outros caminhos. E será ao *não* recebido no passado que devemos agradecer nosso sucesso no presente.

Valores também são responsáveis pelo bom andamento de nossas tarefas diárias, pois nem tudo que devemos fazer é de nosso agrado, no entanto, são coisas que precisam ser feitas. É aí que entra a tenacidade, o respeito ao próximo, pois sua ação eficiente ajudará o próximo que assumirá a continuidade de nossas tarefas.

A "paixão" pelo que fazemos é a razão do sucesso no enfrentamento de nossos desafios. Ser apaixonado pelo que se faz dá "brilho nos olhos" e confiança dos seus parceiros na certeza de que o trabalho será bem feito. Aquele que é apaixonado pelo que faz tem consciência da importância de que o aprendizado é contínuo, para que se possa ir cada vez mais longe no conhecimento. O aprendizado contínuo, com cursos diversos, para adquirir diferentes saberes, abre um grande leque de alternativas e oportunidades.

A frase de Isaac Asimov, que, em tradução livre, afirma que "a educação não é algo que termina", retrata bem a importância do aprendizado contínuo.

Paulo Blikstein, que se formou na Escola Politécnica da USP e tornou-se professor da Stanford em 2009, em discurso a formandos da Escola Politécnica da USP, em 1998, afirmou que "para o engenheiro, o mundo nunca está pronto", e de fato não está. Todo desenvolvimento pode ser aperfeiçoado, e a formação continuada é a chave para melhorar produtos e processos, pois somente o engenheiro atualizado encontra o melhor caminho a seguir.

Falamos muito sobre virtudes e competências, que são discutidas em detalhes neste livro. No entanto, se em reflexão íntima identificar deficiência de formação, não hesite: estude, leia, faça cursos específicos, pois não há nada neste mundo que não se possa aprender e que nos dá maior prazer.

Creio que todos que estão lendo este livro perguntam: qual o peso do nome da minha escola no processo de seleção? Afinal, minha *alma mater* garante a formação básica de qualidade, necessária para exercer a profissão.

Há tempos que o nome da faculdade não impressiona mais o selecionador, pois a maioria das competências exigidas pelo mercado de trabalho não é ensinada nas escolas.

Quanto à avaliação técnica, em muitos casos, nem é realizada, pois os postos de trabalho são multidisciplinares, de modo que o profissional deve ter a competência de estar sempre aprendendo e buscar o conhecimento onde ele estiver.

Nos casos de posições técnicas, como projetos, desenvolvimento de produtos e manutenção, a avaliação técnica é a última a ser realizada, no momento em que apenas os dois mais bem colocados nas avaliações anteriores foram definidos.

"A grande peneira está na avaliação das competências comportamentais."

Portanto, preocupe-se bastante em ter boa formação técnica, pois ela é decisiva no processo seletivo, mas não deixe de desenvolver as competências emocionais. Durante o processo seletivo, serão observados os valores e a cultura do profissional e, também, se a paixão e o propósito de vida do avaliado são os mesmos da empresa.

O processo de seleção atual é cercado de técnicas avançadas da psicologia, que foram desenvolvidas a partir da década de 1980. Esta mudança afetou, sobretudo, a seleção de engenheiros, antes pautada apenas na avaliação da competência técnica do profissional.

Por outro lado, com a evolução da engenharia, seus profissionais passaram a atuar em diversos setores e segmentos, tais como: cadeia de suprimentos, finanças, logística, recursos humanos, tecnologia da informação e várias outras atividades. A *flexibilidade*, traduzida pela capacidade de adaptação aliada à resiliência, que é o quanto o profissional resiste à frustação e rapidamente retorna ao seu estado normal, passou a ser a musa dos processos de seleção.

Enquanto este livro estava sendo produzido, surgiu a pandemia de Covid-19, interrompendo vários projetos, de modo que aqueles engenheiros que, mesmo sentindo a frustação do momento, rapidamente se motivaram a buscar alternativas e continuar seu trabalho e se destacaram em suas empresas. O que reforça a importância da flexibilidade como competência importante para o engenheiro.

As empresas buscam profissionais que saibam gerenciar conflitos, apagar incêndios oriundos das diferentes linhas de pensamento que podem surgir no meio de uma equipe.

Assim, o processo seletivo submeterá o candidato a situações conflituosas para observar suas reações. Se sairá bem aquele que souber ouvir, que escuta as opiniões dos demais sem preconcepções ou com diferentes hierarquias. No jargão do mundo dos recursos humanos, as empresas buscam aqueles que sabem lidar com pessoas diferentes e se colocam no sapato do outro.

É comum associar o extrovertido ao bom comunicador, mas nem sempre essa associação é verdadeira. A comunicação precisa ser clara, transparente e ter emoção. As pessoas se conectam, hoje, até pelas vulnerabilidades. Prepare-se bem para esta avaliação, treine em casa o discurso que deverá fazer, caso seja questionado a apresentar o melhor produto que possui, você mesmo. Estude temáticas associadas à missão e aos valores da empresa. Com certeza, serão assuntos discutidos na dinâmica de grupo que, eventualmente, estará sujeito.

A competência de trabalho em equipe será, sem dúvida, explorada. Esta competência faz parte de todos os processos de seleção. Mostre-se colaborativo, pois as empresas buscam profissionais que se complementam, que sabem lidar com as emoções e com capacidade de identificar quando seus parceiros estão tristes, desmotivados ou empolgados demais.

Em recente entrevista, a engenheira mecânica Isis Borge, executiva da Talenses Group, relata uma pesquisa[1] realizada por esta grande *headhunter*, em parceria com a Fundação Dom Cabral, sobre paradigmas do Futuro do Trabalho. Intitulada "Quebrando paradigmas: a educação do profissional no futuro do trabalho", a pesquisa envolveu quase 1.300 executivos para identificar, entre outras, quais as principais competências que serão exigidas dos executivos em futuro próximo.

Destacaram-se as "Habilidades Digitais" com 78 % das indicações, muito próxima das Habilidades Técnicas com 75 % e, na sequência, a língua inglesa, com 25 % das indicações.

Focando nas competências comportamentais, a pesquisa apontou a "Flexibilidade" como a mais importante, seguida da "Resiliência" com 42 % e Proatividade com 37 %.

Anotem bem este resultado, pois serão estas as competências mais procuradas nos engenheiros desta década que se inicia.

Para o engenheiro, a preocupação é ainda maior: manter uma comunicação com desenvoltura, melhorar a escrita e, aparecendo agora, conhecer ferramentas de estimativa de dados.

O portfólio de cursos realizados pelo engenheiro, pós-formatura, deve ser aderente à posição postulada. Aquele que postula cargo na área técnica, como projeto e desenvolvimento de produto, é dada grande importância à pós-graduação *stricto sensu*, isto é, mestrado e doutorado acadêmicos. Para as demais áreas, os cursos generalistas, com temáticas envolvendo a administração, finanças e economia, são mandatórios.

Caso a postulação envolva cargos mais elevados, inclua cursos de negociação, como a estratégia "Oceano Azul",[2] planejamento estratégico e avaliação financeira de empresas.

Se for estudante em busca de colocação para estágio, destaque cursos extracurriculares, como cursos de língua estrangeira e cursos rápidos profissionais promovidos por empresas. Isso é importante para mostrar que, durante os cinco anos do curso de engenharia, o estudante buscou formação adicional para suprir seus anseios de aprendizado.

Deixe bem claro para o selecionador suas características de engenheiro, que sugerem ser um profissional organizado, com raciocínio estruturado, que pensa fora da caixa, que é metódico e busca solução coerente para os desafios. Tenha pensamento ágil, capacidade de síntese e análise crítica, mostrando que foi treinado para sistematizar o pensamento.

Seja honesto com o entrevistador. Falar a verdade traz segurança ao entrevistado e a possibilidade de conduzir a entrevista, pois a sinceridade transparece e dá ao selecionador a segurança de não estar falando com uma fraude.

O poder da tecnologia da informação na seleção

Vamos discorrer com mais detalhes acerca do impacto da Tecnologia da Informação na seleção de recursos humanos. A primeira ferramenta que nos ocorre é o *Assessment*. Esta palavra significa avaliação e, no mundo corporativo, é usada para caracterizar ferramenta de análise de perfil comportamental, que busca auxiliar não só o autoconhecimento, mas também identificar e desenvolver potencialidades humanas.

As bases do *Assessment* vêm de 1928, quando William M. Marston publica o livro *As emoções das pessoas normais*,[3] que originou todos os instrumentos de análise no teste comportamental, conhecido pela sigla DISC,[1] acrônimo das seguintes palavras:

- *Dominance* (Domínio): apresenta dados sobre o perfil comportamental predominante e a forma de atuação da pessoa. Mostra como o profissional encara os desafios e crises, além de mostrar suas características principais.
- *Influence* (Influência): traz informações detalhadas sobre como a pessoa se relaciona, se comunica e seu nível de capacidade de influenciar os demais.
- *Steadiness* (Estabilidade): mostra como a pessoa lida com mudanças, como encara transformações ao seu redor e como se posiciona nestes momentos.
- *Conscientiousness* (Conformidade): evidencia a capacidade da pessoa de se adequar, respeitar as regras impostas e de segui-las, segundo o que foi determinado.

As análises de perfil DISC são representadas graficamente por esses quatro fatores e também por extensos relatórios. Esses parâmetros comportamentais podem ser utilizados para várias finalidades, tais como: aumentar o autoconhecimento, processos de seleção, desenvolvimento de pessoas e outras.

As aplicações mais comuns são o mapeamento de competências, no qual a empresa aplica aos seus funcionários, para identificar suas competências e, se for o caso, fazer ajustes internos para que pessoas com determinada competência trabalhe no lugar certo e na seleção de pessoas.

No caso da seleção de pessoas, o *Assessment* avalia as competências do candidato e confere se estão aderentes às competências exigidas pela vaga.

O fato de esta técnica ser aplicada há mais de 90 anos tornou esta metodologia praticamente o padrão de análise comportamental, de modo que está implantada na quase totalidade das ferramentas computacionais dessa área. Profissionais do setor garantem sua precisão no teste comportamental, sobretudo após a utilização da neurociência na validação dos questionários DISC, que passou a ocorrer a partir de 2012.

O DISC mapeia, aponta e orienta decisões na avaliação de competências por meio do estabelecimento de métricas para selecionar e avaliar o desempenho humano, mapear a personalidade, medir o clima organizacional e criar planos de carreira.

Em face da potencialidade das ferramentas computacionais baseadas nessa metodologia, este recurso é de uso frequente dos *coaches*, profissionais que ajudam executivos a encontrar novas posições no mercado e, também, a se reciclar a partir da identificação de suas deficiências, bem como líderes e gestores de Recursos Humanos para potencializar seu trabalho, aumentar seu desempenho e os resultados de suas ações em suas empresas.

O poder da Inteligência Artificial na informação na seleção

O termo *Inteligência Artificial* (IA) apareceu para o grande público não faz muito tempo. No imaginário de muitos, a IA era obra de ficção científica e foi muito retratada no cinema.

Sorrateiramente, a IA começou a ocupar espaço e fazer coisas que, a nosso ver, apenas os humanos teriam competência para tal. Os recursos disponíveis por esta tecnologia possibilitaram o aparecimento de várias linhas de pesquisa em diversas áreas do conhecimento, que imaginávamos não seriam nunca atingidas por ferramentas computacionais.

Foi o caso das humanidades e, também, da saúde. Hoje, temos notícias de que a IA está auxiliando juízes a formatar sentenças e médicos a fazer diagnósticos. Este desenvolvimento não se restringe apenas à IA propriamente dita, mas também à possibilidade que temos de colher informações digitais, armazená-las e tratá-las para que possamos, a partir delas, tomar decisões precisas.

A massa de dados gerada no decorrer de uma atividade repetitiva é tão grande, que, analisada por ferramentas computacionais baseada em técnicas de IA, permite fazer avaliações e previsões com altíssima precisão. Aquilo que, no passado, era alcançado a partir de pequenas amostras e análise estatística competente, agora se viabiliza com a avaliação de todos os dados disponíveis, o que antes era impossível de ser manipulado em função da grande massa de informações.

Para o que nos interessa neste livro, vamos analisar o impacto da IA nos processos de seleção de profissionais qualificados, sobretudo na seleção de estagiários e *trainees*, que, em face do grande número de interessados, praticamente inviabiliza a seleção por meio de métodos presenciais nas grandes empresas.

Nesta seleção, o formato de processos *on-line* tem avançado bastante, pois permite aplicá-lo a grande número de interessados, e os resultados têm agradado as consultoras de RH e empresas que utilizam esta técnica.

O formato mais comum de seleção consiste em submeter o candidato a uma série de jogos, que avaliam as competências do jogador pelas reações aos desafios a que são submetidos.

Estes jogos consistem em processos disruptivos, desenvolvidos ainda neste século, baseados em formalismos matemáticos da inteligência artificial e seus avanços, como a *machine learning* e *deep learning*, incluindo-se o que há de mais refinado nas técnicas de gamificação para seleção de recursos humanos.

As grandes consultoras de RH utilizam essas ferramentas para identificar as competências socioemocionais dos candidatos exigidas pela vaga, pois a competência técnica específica, nesta fase da carreira, raramente é avaliada nos processos de seleção de grande porte.

Algumas ferramentas inserem nos jogos algumas ações de natureza tecnológica, mas sem chegar a detalhes mais avançados, e, geralmente, ficam restritos ao básico das disciplinas.

Em face da grande quantidade de informação colhida nos processos seletivos, a IA trata este *big data* com ferramentas matemáticas avançadas e consegue extrair desta "mega" amostra os parâmetros característicos das diversas competências, como liderança, capacidade de trabalho em equipe, comunicação e outras.

Como o ser humano não intervém no processo, as avaliações subjetivas, como aquelas oriundas de preconceitos de cor, gênero e outras, são excluídas, conferindo à avaliação *on-line*, segundo alguns especialistas, um senso de justiça superior.

Cabe observar que os processos seletivos aplicados pelas consultoras de RH são moldados para avaliar competências socioemocionais sem considerar a qualificação da faculdade de origem do candidato.

Uma prática de seleção *on-line* de qualidade envolve, de início, a aplicação de um jogo individual, no qual o candidato pode fazer em casa com seus próprios recursos computacionais ou com auxílio de um de *smartphone*.

Na sequência, um segundo jogo é aplicado em ambiente apropriado, na sede da consultora, e realizado em equipe, cujo objetivo consiste em avaliar as competências específicas do trabalho em equipe, como a colaboração, a liderança, entre outras.

Seja autêntico nestes jogos, evite se violentar, agindo de forma diferente de seu comportamento normal, dado que isso facilmente é identificado nas avaliações. Seja você mesmo, pois talvez seja alguém com seu perfil que a empresa está procurando.

Temas que não faltam em entrevistas

Existem temáticas que estão presentes na quase totalidade dos processos de seleção. Além da importância dos temas envolvidos, essas questões visam detectar o grau de informação do candidato e sua consciência sobre os grandes problemas da humanidade.

Em geral, uma temática recorrente nas entrevistas são os Objetivos de Desenvolvimento Sustentável (ODS). Segundo a Organizações das Nações Unidas (ONU): "Os Objetivos de Desenvolvimento Sustentável são um apelo global à ação para acabar com a pobreza, proteger o meio ambiente e o clima e garantir que as pessoas, em todos os lugares, possam desfrutar de paz e de prosperidade". Para tanto, foi estabelecido o ano de 2030 como meta para atingir os ODS (Agenda 2030).

Ao todo, são 17 objetivos ambiciosos e interconectados (Fig. 7.1), que abordam os principais desafios de desenvolvimento enfrentados por pessoas em todo o mundo.

Figura 7.1 Objetivos de Desenvolvimento Sustentável.
Fonte: Adaptada de: http://www.institutovotorantim.org.br/conheca-os-objetivos-de-desenvolvimento-sustentavel/.

Saber quais são eles e discutir as ações projetadas para atingi-los mostra erudição e retrata a imagem de um ser humano preocupado, não só com o futuro do planeta, mas também com a humanidade.

Muitos consideram que o eixo dos ODS está sustentado em quatro deles:

Número 4. Educação de qualidade

Assegurar a educação inclusiva e equitativa e de qualidade, e promover oportunidades de aprendizagem ao longo da vida para todas e todos.

Número 5. Igualdade de gênero

Alcançar a igualdade de gênero e empoderar todas as mulheres e meninas.

Número 10. Reduzir as desigualdades

Reduzir a desigualdade dentro dos países e entre eles.

Número 16. Paz e justiça e instituições eficazes

Promover sociedades pacíficas e inclusivas para o desenvolvimento sustentável, proporcionar o acesso à justiça para todos e construir instituições eficazes, responsáveis e inclusivas em todos os níveis.

Para o ODS número 4, algumas das ações para implementá-lo consistem em:

- Garantir que até 2030 todas as meninas e meninos completem o ensino primário e secundário livre, equitativo e de qualidade, que conduza a resultados de aprendizagem relevantes e eficazes.

- Garantir que até 2030 todas as meninas e meninos tenham acesso a um desenvolvimento de qualidade na primeira infância, cuidados e educação pré-escolar, de modo que eles estejam prontos para o ensino primário.

Faça pesquisas para conhecer algumas ações desses principais objetivos, pois será um conhecimento importante a ser usado em entrevistas e em encontros com potenciais empregadores. Com certeza, esta formação enriquecerá sua imagem de ser humano responsável.

A engenharia de nossos dias está centrada em problemas globais, pois são estes os potenciais geradores daquilo que chamamos de inovação disruptiva. A inovação disruptiva é algo que ninguém imaginou que pudesse ser útil, mas que, ao ser lançada, captura o desejo de todos.

As mudanças climáticas também são assunto recorrente em entrevistas, sendo parte integrante do ODS número 13. Seu foco é tomar medidas urgentes para combater a mudança climática e seus impactos. Dentre suas ações, consiste em reforçar a resiliência e a capacidade de adaptação a riscos relacionados com o clima e as catástrofes naturais em todos os países, e integrar medidas da mudança do clima nas políticas, estratégias e planejamentos nacionais.

Os movimentos sociais envolvendo mudanças climáticas são importantes na formulação de políticas públicas, e o engenheiro bem formado precisa ter ideias e propostas que contribuam para que este objetivo seja alcançado.

Curiosidade e aprendizado contínuo

A curiosidade e a vontade de aprender por toda vida são características buscadas no engenheiro.

Esta virtude é um comportamento quase inato de todos os seres humanos. Desde que nascem, os bebês começam a explorar o mundo, inicialmente com os sentidos da visão, tato e paladar utilizando os olhos, as mãos e a boca como seus principais meios de interação. Com o tempo, desenvolvem os outros sentidos para melhor compreender o mundo e interagir com ele. Os próximos avanços que fazem por aprendizado, muitas vezes por tentativas e erros, são o engatinhar e depois o caminhar, que, além de libertar as mãos para outras atividades durante a locomoção, permitem ampliar os espaços a serem explorados levando a novos aprendizados.

O cérebro humano é uma esponja nos primeiros anos de vida, essencial para garantir a proteção e a exposição a estímulos que reforcem esta curiosidade e com ela o entendimento do mundo ao redor.

A curiosidade sempre moveu o mundo na busca de entendê-lo e, assim, facilitar a procura de soluções para problemas que possam melhorar a qualidade de vida das pessoas. Muitos alunos que optam por engenharia têm essa curiosidade mais aguçada, principalmente focada no funcionamento das coisas, e acabam desmontando equipamentos só pelo prazer de ver o que tem dentro e como funcionam. Esta curiosidade deve ser mantida durante os vários períodos de escolarização, mas o que se tem notado é que a escolas acabam inibindo esta capacidade natural e, em alguns casos, praticamente anulando-a.

O desenvolvimento humano tem se acelerado, principalmente a partir do século XX, com a estruturação da sociedade moderna capitalista, que prioriza o consumo de equipamentos e serviços, notadamente no período de desenvolvimento da indústria do petróleo e seus derivados e da eletricidade. O homem tem ampliado seu tempo médio de vida e, consequentemente, elevado a proporção da população de idosos em diversos países, criando impacto no setor de saúde e nos sistemas de aposentadoria e gerando, ainda, demandas maiores de necessidades para atender esta população com outras demandas específicas e necessidades de lazer.

O aprendizado contínuo é essencial, pois permite que as pessoas se adaptem aos novos empregos e oportunidades promovidos pela tecnologia e mudanças na sociedade. Hoje, temos um dilema das tecnologias baseadas na automação e uso da inteligência artificial em vários processos ligados ao mundo do trabalho, e da produção de bens e serviços, que acabam não mais necessitando de mão de obra humana.

A razão disso é que existem soluções mais eficientes e eficazes, com redução de tempos e de recursos, para produzir com mais qualidade, quantidade e em menor tempo.

Este é o dilema que estamos a enfrentar, pois o desemprego conjuntural gera uma "não renda", o que, por sua vez, leva a um "não consumo" de bens e serviços. Este é um tema bem atual de discussão!

Atividade proposta

1. Hoje, a garantia de emprego com carteira assinada para a vida toda, em muitos casos, não existe mais. Pesquise e discuta os caminhos possíveis para sua trajetória profissional. Discuta também como sua escola trata esse assunto com a perspectiva de incentivo à inovação, ao empreendedorismo e à criação de um ambiente que favoreça isso. A instituição em que estuda disponibiliza espaços de criatividade e geração de ideias e inovação? Tem infraestrutura para incubação e constituição de empresas buscando apoio em termos de financiamentos (*crowdfunding*, anjos, editais e recursos de órgãos de fomento etc.)? E quanto ao estabelecimento de convênios, por exemplo, com ambientes de inovação, como parques tecnológicos ou incubadoras de empresas?

Referências

1. TALENSES GROUP. *Quebrando paradigmas*: a educação do profissional no futuro do trabalho. Disponível em: https://talenses.com/pt/publicacoes/news-that-matter/pesquisa-quebrando-paradigmas-a-educacao-do-profissional-no-futuro-do-trabalho. Acesso em: 23 set. 2020.
2. KIM, W. C.; MAUBORGNE, R. *A estratégia do oceano azul*. Rio de Janeiro: Sextante, 2018.
3. MARSTON, W. M. *As emoções das pessoas normais*. 1. ed. São Paulo: Success for You, 2016.

8

Inteligência Emocional

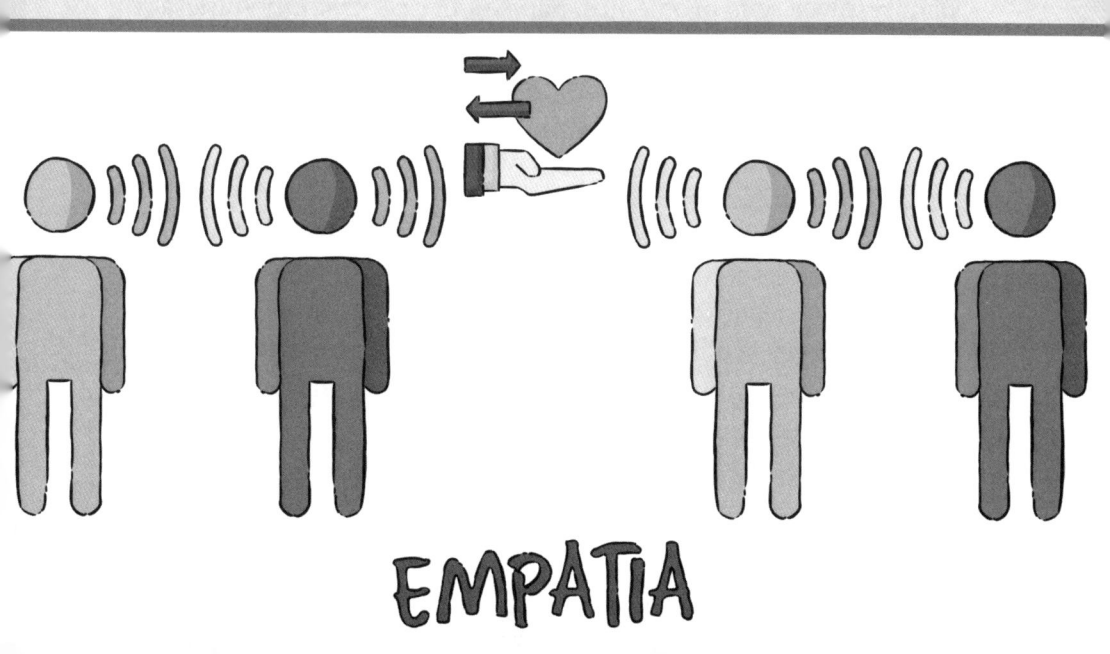

EMPATIA

*Aquele que tem apenas QI
elevado agride o inimigo.
Aquele que tem QE
elevado o agradece.*

Seja flexível

Em sua passagem pelo Brasil, Yuval N. Harari, autor do *best-seller Sapiens*,[1] perguntado sobre as necessidades do profissional do futuro, destacou que a "flexibilidade" seria a única disciplina que certamente deveria ser ensinada às nossas crianças.

A flexibilidade se manifesta nos engenheiros de diversas formas. O engenheiro deve ter disponibilidade para viagens, quer no país ou para o exterior. Deve ter também flexibilidade intelectual, ou seja, ao surgir problemas fora de sua área de formação, deve ter a capacidade de estudar com dedicação o problema e encontrar a solução.

Saber com detalhes todos os fenômenos envolvidos na operação de seu produto ou sistema é vital para o engenheiro "flexível". Ao conhecer todos os fenômenos envolvidos e, acima de tudo, estudá-los, não haverá dificuldade para encarar os desafios que se apresentarem.

As empresas, hoje, são refratárias em buscar consultorias para resolver seus problemas, não só por se tornarem vulneráveis à concorrência, mas também por despender tempo, muitas vezes proibitivos, na busca da solução. A equipe agora precisa suprir todas as necessidades da corporação e, para tal, deve estar armada com todas as ferramentas de simulação adequadas para seu produto.

O engenheiro flexível não fica aguardando ordens, está sempre procurando soluções para melhorar o desempenho do produto ou da produção. Deve ter "olhos de lince", como diz Valter Pieracciani em seu livro *Império da inovação*,[2] isto é, encontrar inovações nas maiores fontes de inovações da empresa – a assistência técnica, o *marketing* e a engenharia – que, por vícios ou distorções em nossa educação, as empresas enxergam apenas problemas nestas áreas.

Pieracciani destaca ainda que o engenheiro deve ser estrategista, isto é, deve ter sensibilidade do momento em que sua ideia deve ser lançada, pois essa estratégia pode produzir grande transformação na empresa. Lançar boa ideia em momento inadequado pode queimá-la no nascedouro. Escutamos de muitos engenheiros a famosa frase: "pensei nisso há tempos e ninguém me ouviu". Esse é o caso típico de ideia lançada no momento errado.

O engenheiro flexível é bem diferente daquele que, ao enfrentar algo novo, pensa "isto não é coisa de engenheiro". Por exemplo, todo produto está sujeito a tributos e incentivos. Saber com precisão como funciona a cadeia tributária e incentivos fiscais à inovação pode fazer toda a diferença na escolha da solução de um problema. Considere isso também no seu projeto. Tributação também é coisa de engenheiro.

Ser flexível na engenharia consiste em saber gerenciar o movimento de inovação nas empresas, coordenar esforços de capacitação executados pela equipe de gestão de pessoas. Gerenciar os incentivos, a conexão com o ecossistema e outras tantas facetas já são preocupação dos engenheiros vencedores.

Seja aberto às coisas que eram impensáveis de serem realizadas por engenheiros em passado recente, por exemplo, as relações institucionais e governamentais. O papel de interface entre os setores da empresa que afetam a inovação e o governo passou para as mãos dos engenheiros. São eles os únicos capazes de defender e convencer órgãos técnicos sobre a excelência de suas criações.

Nada melhor que a flexibilidade para liderar equipes. A gestão de redes deve fazer parte do portfólio do engenheiro flexível. A capacidade de articular pessoas e áreas para que a inovação ocorra com sucesso caracteriza muito bem a necessidade de ser flexível.

Não ser flexível neste ambiente sujeito a avalanches de tecnologia é fatal. A flexibilidade também significa manter-se vigilante e ser aquele que as prospecta continuamente. Assim, permaneça conectado com profissionais e instituições que tangenciam sua área de competência; caso contrário, o trem pode passar e você não vai perceber.

Já aconteceu isso com você?

O professor tem visão privilegiada no mirante de observação da evolução de seus alunos. Não só na sala de aula, mas também nos diversos encontros realizados pós-formatura, o professor tem condições de identificar a rota de evolução escolhida pelos estudantes ao longo de sua vida profissional.

Na escola de engenharia, o foco das competências observado está concentrado na capacidade de entendimento das disciplinas tecnológicas consideradas nobres na estrutura curricular de qualquer curso, e a praxe acadêmica costuma qualificar a competência dos alunos segundo o desempenho obtido nestas disciplinas, sobretudo naquelas consideradas mais difíceis.

Estudante algum é qualificado como talento na escola de engenharia simplesmente por ser agradável, por saber gerenciar conflitos entre colegas, por realizar trabalho voluntário. É a nota nas disciplinas tecnológicas que o carimba, ou não, com a qualificação de ser um talento.

Assim, um bom aluno nas disciplinas de estruturas e fundações do curso de engenharia civil será, sem sombra de dúvida, identificado e julgado como excelente aluno de qualquer curso de engenharia civil. Aquele que tirou nota alta em eletromagnetismo é considerado um talento na Engenharia Elétrica.

Alunos com esse perfil são, com frequência, assediados a seguir carreira acadêmica nas universidades públicas. Este é o tipo de estudante que qualquer professor ou coordenador de grupo de pesquisas gostaria de ter em sua equipe, pois, assim imagina, garantirá a transmissão de seu legado para as próximas gerações.

Apesar da competência técnica diferenciada, nada garante que esse talento será um bom professor, pois essa profissão exige competências adicionais que não são ensinadas nas escolas.

Caso o destino desse talento o conduza para o mercado de trabalho, a dificuldade será ainda maior, pois, diferentemente do que ocorria no século passado, um histórico escolar rechea-do de notas elevadas – apesar de ser um quesito importante que vale a pena lutar na graduação – não garante empregabilidade imediata.

Aquelas empresas consideradas as mais desejadas para se trabalhar submetem candidatos a processo seletivo rigoroso, no qual o que menos se avalia é a competência técnica do pro-fissional.

Várias dessas competências foram apresentadas em outros capítulos deste livro, mas a mais importante é a que vamos dis-cutir agora, pois envolve nosso comportamento como ser hu-mano, ou seja, nossas emoções.

O que aconteceu com Eurico?

A história de Eurico (nome fictício) é emblemática. Foi contada por um colega professor de grande universidade pública brasilei-ra. Desde o ensino fundamental, médio e universitário, Eurico se destacava como um dos melhores alunos da turma.

Muito organizado nos estudos, suas anotações eram referência para aqueles que, por várias razões, não se dedicavam aos estu-dos com o empenho de Eurico. Era focado em ter bom desempe-nho e boas notas, nada o desviava destes objetivos.

O futuro de Eurico parecia garantido. Histórico escolar irre-preensível e competência acadêmica diferenciada eram a receita infalível para o sucesso nos anos 1980, época desses fatos.

Mas por que Eurico não conseguia o tão sonhado emprego em uma grande multinacional após sua formatura? Tentou criar sua empresa de consultoria e, apesar de ter ideias inovadoras interessantes, não teve sucesso. Mesmo de universidades, que parecia ser o lugar adequado para abrigar aquela competência, nada de convites para fazer pós-graduação e dar início à brilhante carreira acadêmica.

Os anos 1980 foram marcados por uma crise econômica, de modo que os empregos não eram abundantes, embora na en-genharia havia espaço para colocação dos formandos. Foi neste ecossistema que Eurico se titulou.

(continua)

Eurico estava acometido daquilo que chamamos de "sequestro emocional". São várias as razões que nos levam a esse estado. No entanto, precisamos saber gerenciar nossas emoções com sangue frio, tendo em mente que este procedimento é o passo decisivo para o sucesso. O "sequestro emocional" quebra nossa credibilidade e confiança no seio da equipe, pois somos vistos como emocionalmente instáveis e não confiáveis sobre pressão.

Entretanto, foi nessa época que começou a proliferar a contratação de profissionais por meio de agências de emprego especializadas, as quais começaram a introduzir os *testes psicotécnicos*. Esses testes faziam a primeira avaliação do candidato, que, se aprovado, era encaminhado para entrevista com os engenheiros da empresa, que avaliariam a competência técnica.

O problema de Eurico era que esta primeira avaliação já o excluía da competição. Sua timidez, aliada a grande dificuldade de relacionamento pessoal que, praticamente, o impedia de trabalhar em equipe. Aliás, esta era a grande deficiência que acompanhou Eurico por toda sua vida.

Na escola era conhecido como um "cara estourado", que não ouvia opiniões contrárias em hipótese alguma. Se havia opinião correta, esta opinião era a sua.

Apesar de toda inteligência intelectual que, seguramente, estava associada a seu QI elevado, não foi suficiente para garantir a Eurico uma boa colocação no mercado de trabalho.

Vários colegas do nosso personagem, com desempenho escolar modesto, tiveram sucesso profissional, simplesmente por terem quociente emocional (QE) bem mais elevado que seu quociente intelectual (QI). Faltava a Eurico aquilo que chamamos de Inteligência Emocional, que, segundo Mayer, Caruso e Salovey,[3] "é a capacidade de perceber e exprimir a emoção, assimilá-la ao pensamento, compreender e raciocinar com ela, e saber regulá-la em si próprio e nos outros".

O que seria de Eurico se pudesse reconhecer seus erros e fraquezas? Se tivesse consciência clara de suas virtudes e talentos? Se aceitasse opiniões de maneira positiva?

A capacidade de se autoavaliar é fundamental, sendo uma das competências que precisamos para melhorar nossa inteligência emocional. Pessoas que não ouvem opiniões com sinceridade e

(continua)

certeza de que podem aprender algo com elas sofrem com a repulsa do interlocutor.

Steve Gutzler,[4,5] em seu livro *Emotional intelligence for personal leadership*, destaca que "líderes com autoconfiança reconhecem quando suas ações emitem energia e entusiasmo". Isso é verdade, inclusive para aquele que segue a carreira acadêmica, que valoriza o QI, pois o professor que gerencia suas emoções se conecta com a classe quando estas qualidades emanam de sua postura em sala de aula.

Pessoas como Eurico precisam ter consciência de se manterem calmas sobre pressão, pois só assim conseguirão sentir qual das emoções impacta seu comportamento e reconhecer como determinado comportamento afeta outros.

Careciam ao Eurico competências emocionais, tais como:

- *Controle por impulso*: não aja impulsivamente. Mantenha senso de humor sob pressão. Cumpra promessas. Gerencie fortes emoções, especialmente a raiva.
- *Amor próprio*: não fique na defensiva quando criticado. Seja decisivo e fale com confiança. Acredite fortemente em suas próprias habilidades.

Se Eurico prestasse mais atenção em suas emoções diárias, sua história seria outra. A linguagem corporal, as palavras escolhidas e mesmo a tonalidade na qual emite suas mensagens afetam totalmente a forma com que é recebida. Como referência, considere que cerca de 55 % de nossa comunicação é a linguagem corporal, 38 % o tom de voz e 7 % as palavras usadas.

Não deixe a história de Eurico se repetir com você. A satisfação pessoal de realizar algo relevante só se consegue com conhecimento tecnológico elevado e grande (grande mesmo) controle de suas emoções.

Inteligência emocional, para que serve?

Esta capacidade única do ser humano é o que nos faz diferentes de outras espécies, pois parte do nosso cérebro, denominada neocórtex, presente no ser humano, sedia nossa inteligência emocional. Ser ou não bem aceito na sociedade em que vivemos está nos atributos de nossa inteligência emocional. Os répteis, que não os possuem, carecem de afeição materna; quando saem do ovo, os recém-nascidos têm de se esconder para que não sejam canibalizados.

O neocórtex abriga a sutileza e a complexidade da vida emocional. A importância da inteligência emocional foi saudada pela *Harvard Business Review* como a "ideia inovadora, capaz de destruir paradigmas", e tornou-se conceito empresarial mais influente da década.

Os adeptos do QI que enxergam essa métrica como a única medida aceitável das aptidões humanas são visceralmente contra ao conceito do QE, isto é, do quociente emocional. Esse debate se deve ao fato de que o QI é traduzido em números, ao passo que o QE não (ou ainda não).

Quociente de inteligência (QI)

O quociente de inteligência (QI) utiliza o termo para descrever a técnica de pontuação de testes de inteligência traduzidos como a idade de desenvolvimento de uma pessoa, obtida nesses testes, dividida por sua idade. O quociente resultante foi multiplicado por 100 para obter a pontuação de QI.

O conceito que permite determinar a idade do desenvolvimento foi posteriormente abandonado nos testes de inteligência, mas o termo QI continuou a ser utilizado.

O QI é utilizado como a estimativa da inteligência geral de uma pessoa relativa a outras. Considerando que os resultados extraídos de testes padronizados são mostrados por meio de uma distribuição, denominada pela estatística como gaussiana ou curva do sino, estipulou-se que a mediana desta pontuação da população refere-se ao QI de valor 100, com um desvio-padrão (medida extraída da estatística) de 15 pontos na escala de QI.

A Figura 8.1 mostra a distribuição gaussiana utilizada na medida do QI, com a ocorrência de seu máximo parametrizado em 100.

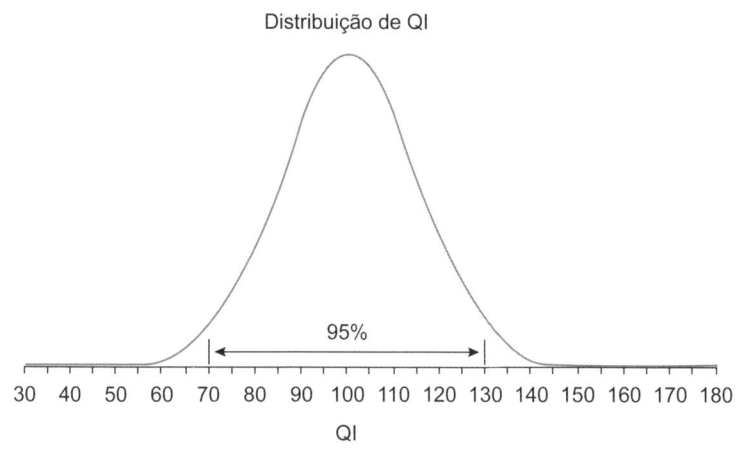

Figura 8.1 Distribuição da pontuação do QI.
Fonte: elaborada pelo autor.

Distribuição das pontuações

Da Figura 8.1, infere-se que uma pessoa média tem QI 100, e cerca de 95 % das pontuações de QI situam-se entre 70 e 130. Extrai-se dessa curva que alguém com QI 132 tem nível de inteligência superior a aproximadamente 98 % das pessoas.

No entanto, esse valor não diz nada sobre as capacidades absolutas para a resolução de problemas ou sobre o raciocínio lógico de uma pessoa, os quais estão ligados a outro tipo de inteligência, a inteligência emocional.

Quanto às escalas de inteligência, temos várias e seria enfadonho discutir todas elas. Em uma aplicada a adultos, denominada Escala Wechsler, o detentor de um QI compreendido entre 120 a 129 é considerado um ser inteligente muito superior. Nessa mesma escala, o "gênio" é pontuado com QI superior a 140. Esse indicador está presente em apenas 0,4 % da população.

Quociente emocional (QE)

Ao contrário do QI, o QE não tem métrica para avaliação, mas é componente fundamental de qualquer contratação e sucesso em empreendimentos de qualquer tipo.

Aqueles com elevado QE são equilibrados, comunicativos e animados. São confiantes e despreocupados. Têm capacidade de engajamento com pessoas ou causas, de assumir responsabilidades e visão ética; são solidários e atenciosos, com vida emocional rica e correta. Sentem-se à vontade consigo mesmo e com os outros no universo em que vivem.

Aquele com baixo QE é ambicioso e produtivo, previsível e obstinado, e desprovido de preocupação sobre si mesmo. É também inclinado a ser crítico e condescendente, fastidioso e inibido, pouco à vontade do ponto de vista sexual e sensual, inexpressivo e desligado, e emocionalmente frio.

Figura 8.2 O cérebro humano.
anyaberkut | iStockphoto

O QI é indicador inquestionável de que o profissional tem competência para enfrentar os desafios cognitivos que determinada posição oferece. No entanto, o QI cai por terra quando a questão é prognosticar quem, de um grupo talentoso de candidatos, será o melhor líder.

Nos níveis elevados, QI alto é requisito básico. No entanto, são as habilidades ligadas ao QE que emergem, como a competência *selecionadora*, que prevê, da melhor forma, quem dentre um grupo de pessoas inteligentes será o líder mais hábil. Quanto mais elevado o cargo, a importância do QE prevalece sobre o QI.

Segundo Goleman,[6] em seu livro *Inteligência emocional*, os CEOs são contratados por seu intelecto e habilidade empresarial, e são despedidos por falta de inteligência emocional.

Atributos como autoconsciência, autocontrole, consciência social e a virtude de bem gerir seus relacionamentos são requisitos mandatórios para o sucesso e qualidades inerentes daquele que possui alto QE. São estes atributos que se traduzem em sucesso em nossos dias.

No futuro, as qualidades do QE serão lugares-comuns nos locais de trabalho, "qualidades obrigatórias" para ser contratado e para conseguir promoções, e, especialmente, aquelas necessárias para a liderança.

Com o surgimento do QI, extrapolamos o valor e a importância do puramente racional, que é justamente o objeto medido por esse indicador na vida humana. Essa métrica foi aplicada indistintamente, para o bem e para o mal, desprezando a realidade de que são as emoções que dominam o intelecto e que sem elas não chegamos a lugar nenhum.

Aprender a conduzir nossas emoções é questão de saúde pública, pois emoções nocivas são tão danosas para nossa saúde física quanto fumar compulsivamente e beber descontroladamente. Acredite, o equilíbrio emocional preserva nossa saúde e bem-estar.

Reações

Seu corpo reage a toda ação que o agride. Controlar a postura corporal nestes momentos é o que leva o ser humano à melhor *performance* como raça e pode salvar muitas vidas.[7]

Nos momentos de raiva, o sangue flui para as mãos, tornando-o mais hábil e potente, facilitando sacar uma arma ou golpear o inimigo. Nos momentos de pavor, o sangue corre para os músculos do esqueleto, como os da perna, dando mais força e agilidade, o que facilita a fuga.

São nos momentos de felicidade que ocorrem as principais alterações biológicas em nosso corpo. A química inerente a esses momentos estimula a atividade cerebral, inibe sentimentos negativos e incrementa a energia existente, acabando com aqueles pensamentos que geram preocupação.

Somos uma máquina perfeita, onde a surpresa nos faz erguer as sobrancelhas, para proporcionar ampla varredura visual, e também mais luz para a retina. Quanto ao amor, creio que vocês já sabem o que acontece.

Em resumo, podemos imaginar que, quanto à compreensão, temos duas mentes. Uma que raciocina e outra que sente.

Assim, avaliar o profissional apenas pelo QI não é boa alternativa. Um bom desempenho em testes de QI é um fator de previsão mais direta do sucesso em sala de aula ou como professor, mas cada vez menos importante quando os caminhos da vida se afastam da academia.

Quantos professores ótimos que o leitor encontrou em salas de aula foram (ou são) seres humanos sofríveis? É curioso saber que, na mais bela das profissões, a inteligência emocional não é tão valorizada como nas demais.

Principais aptidões

A inteligência emocional* é caracterizada pela capacidade de dominar suas emoções. Esta capacidade consiste em adquirir algumas aptidões. Note que afirmamos *adquirir*, por ser algo que de fato se aprende, e não algo hereditário ou natural que nasce com a gente.

1. *Conhecer as próprias emoções*: emoções conduzem nosso comportamento e também afetam não só a qualidade de nossa *performance*, mas também a abrangência de nossa capacidade de influenciar como líderes.

---

* Inteligência emocional é a habilidade que se aprende e pode ajudá-lo a alavancar seu QI, bem como sua capacidade de se tornar um líder.

2. *Lidar com emoções*: observe suas próprias emoções. Observe como elas o influenciam e aqueles ao seu redor. Torne-se, de fato, um estudante de seu impacto emocional.
3. *Motivar-se*: habitue-se a dar uma nota todo dia para a plenitude de seu comportamento emocional (0-10). Observe como o resultado se conecta com sua *performance* naquele dia e como afetou seu espírito de liderança. Escolha uma das competências de inteligência emocional e trabalhe para melhorá-la.
4. *Reconhecer emoções nos outros – empatia*: aceite, com sinceridade, realimentação de suas ideias. Admita suas fraquezas e falhas. Tenha a consciência exata de seus pontos fortes e talentos.
5. *Lidar com relacionamentos*: observe e identifique o efeito de suas emoções (boas, ruins e péssimas) na equipe. Saiba identificar quem e o que o leva a perder o controle, e lembre-se de que "calma" é a palavra-chave para um bom relacionamento.

Comparando QI e QE

Pessoas com alto QI são levadas, em um primeiro momento, a serem reconhecidas como pessoas que apresentam alto QE. Ao se ler biografias consagradas de Albert Einstein, observa-se que esse gênio, que promoveu o maior avanço na qualidade de vida do ser humano no século XX, não apresentava o mesmo grau de inteligência emocional no seu relacionamento privado.

O que transparece de Einstein, para o grande público, são as virtudes ligadas ao seu elevado QI, que, na academia, é o qualificador maior do pesquisador, que não considera o QE nas avaliações. No entanto, no mercado de trabalho, seja como funcionário ou como empreendedor, a importância dos indicadores muda de prioridade.

Segundo Goleman,[6] o homem com alto QI é ambicioso e produtivo, previsível e obstinado, e desprovido de preocupação sobre si mesmo. É também inclinado a ser crítico e condescendente, fastidioso e inibido, inexpressivo e desligado, e emocionalmente frio.

Ainda, segundo Goleman, homens com alto grau de inteligência emocional (QE) são socialmente equilibrados, comunicativos e animados, não inclinados a receios ou a ruminar preocupações. Têm uma notável capacidade de engajamento com pessoas ou causas, de assumir responsabilidades e de ter visão ética; são solidários e atenciosos em seus relacionamentos. Têm vida emocionalmente rica, mas correta; sentem-se à vontade consigo mesmo, com os outros e no universo social em que vivem.

Na medida em que a pessoa tem tanto a inteligência cognitiva (QI) quanto a emocional (QE) bem equilibradas, essas imagens se sobrepõem. Ainda assim, das duas, é a inteligência emocional que contribui com um número muito maior das qualidades que nos tornam plenamente humanos.

Receita de como ser um líder

O engenheiro, por ter formação tecnológica qualificada, é responsável por grandes transformações em nosso mundo, não só para melhorar a qualidade de vida do ser humano, mas também para proteger o meio ambiente de agressões que possam causar danos irreversíveis ao planeta.

Por toda essa responsabilidade, não há como imaginar outro profissional, que não seja o engenheiro, na liderança da equipe de projeto. No entanto, para liderar, são necessárias qualidades e visão de vida, que só aquele determinado ao sucesso consegue assumir. Entenda que, para ser líder, o profissional deve saber:

- Controlar seu destino e não deixar que alguém faça isso por você.
- Encarar a realidade como ela é, e não como você gostaria que fosse ou como que foi no passado.
- Ser franco com quem quer que seja.
- Liderar as pessoas e não as controlar.

- Trocar aquilo que julgar necessário assim que identificado, antes mesmo de ser obrigado a fazê-lo.
- Disputar, se tiver vantagem competitiva.

Alguns pontos devem ser bem lembrados para líderes com inteligência emocional e que julguem a humildade sua maior virtude:

- *Rejeite celebrações de piedade*: isso não cabe em um líder. As falhas são instrumentos de aprendizados e não devem ser tratadas como ações que cabem pena.
- *Ande firme e respire fundo*: demonstra força e poder e impõe respeito aos adversários.
- *Não permita que outros comandem suas emoções*: suas emoções são únicas e só você consegue gerenciá-las por meio de sentimentos baseados na ética e no alto controle de sua inteligência emocional.
- *Foque sua equipe e energia naquilo que você pode controlar*: não se disperse, pois isso é fácil de acontecer, atenção plena a todo instante é mandatória exigência do líder.
- *Seja modesto com os altos e baixos da vida*: a humildade é tudo. Aquele que tem confiança em si é seguro em suas ações.

Como corolários dessas ações, lembre-se de se esforçar para manter um pensamento coletivo eficiente a fim de que sua equipe avance em vez de apenas sobreviver.

Observa-se com frequência que líderes de hoje, alguns muitos jovens, não têm clareza e, portanto, habilidade para executar durante mudanças. Confiam naqueles que trabalham muito, mas desfocados das metas, que parecem estar em terreno pantanoso, no qual nada evolui.

A *resiliência* é um dos grandes patrimônios do ser humano. Como imagem, a resiliência se assemelha muito ao bambu. Sob tempestades e tormentas, se enverga ao máximo, mas sempre retorna à posição original após as intempéries. Essa virtude é uma das mais poderosas armas que podemos usar para combater nossas derrotas. Ela é potente e a que mais agrega ganho de conhecimento na derrota. A resiliência faz toda a diferença nos líderes.

Um testemunho

André Fontes é professor da Faculdade de Engenharia da Universidade do Porto, em Portugal. Estudioso da educação em engenharia, tem dedicado suas pesquisas em analisar as competências exigidas pelo mercado de trabalho, que devem ser agregadas aos estudantes para melhorar não só seu desempenho como profissional da área tecnológica, mas também para viver melhor no ambiente de trabalho competitivo de nossos dias.

André afirma que as competências técnicas continuarão a ser as mais importantes competências do engenheiro. No entanto, as empresas precisam, cada vez mais, de pessoas com competências mais humanas.

Aquele profissional que busca o sucesso a qualquer custo, não se incomodando com os aspectos éticos envolvidos na relação com os clientes, estão sendo preteridos por profissionais que apresentam potencial de desenvolvimento, mesmo sem a mesma experiência, mas com excelentes competências emocionais (*soft skills*) e integrado no trabalho em equipe.

Do trabalho desenvolvido por este professor é possível aferir a importância do raciocínio crítico, tão destacado neste livro-texto em outros capítulos. Enxergar as coisas como se fosse a primeira vez, para não ficar atrelado a padrões de comportamento, que sempre levam à estagnação.

Pessoas com capacidade e humildade para se transformar e se reinventar são aquelas mais bem preparadas para atender aos requisitos das empresas. Isso só emerge nos profissionais autênticos, que são transparentes, sem agendas escondidas, corajosos e genuínos que têm na empatia o desejo de facilitar nossa vida.

O tema que é sempre recorrente é o trabalho em equipe. Como já citado, a inteligência emocional tem papel relevante neste processo. No entanto, cabe destacar que, apesar de não haver pessoas perfeitas, podemos ter equipe perfeita, se a prática dos conceitos da inteligência emocional for exercida.

Na Grécia antiga, foi cunhado o termo *apeirokalia*, que significa inexperiência em apreciar o belo e o sublime. Todos sofremos de *apeirokalia* em alguma escala por não ter condições de observar todas as coisas belas deste mundo. Há sempre muito mais a explorar, de modo que viagens cumprem parte desse papel a nos dar humildade e honestidade intelectual ao reconhecer nossa ignorância. Ter a perspicácia em apreciar o belo e o sublime presente em todas nossas ações nos dá a certeza de que possuímos elevado nível de inteligência emocional.

Aprender a aprender

A década que iniciamos promete uma evolução tecnológica em níveis nunca vistos. A inteligência artificial permeará nossas vidas em todos os níveis (se já não está!). Muitas atividades serão substituídas pelo trabalho das máquinas.

Podemos nos diferenciar nas competências pessoais e comportamentais, pois apenas os humanos as têm desenvolvidas. Não sabemos o que vem pela frente, e quem aprender a aprender estará preparado para tudo. Lembre-se de que as ferramentas mudam rapidamente e, por isso, é preciso tomar atitudes certas, tais como: ler bastante, pesquisar sempre, perguntar, descobrir e experimentar.

Exemplo de responsabilidade do líder

Nosso desembarque na região de Cherbourg-Havre fracassou na tentativa de ganhar posições privilegiadas, e por esta razão ordenei a retirada das tropas. Minha decisão de atacar este local neste momento se baseou nas melhores informações disponíveis. As forças terrestres, a aérea e a Marinha dedicaram, como deveriam, toda sua bravura e devoção no cumprimento do dever. Se há alguma responsabilidade ou falha relacionada a esta tentativa, a culpa é só minha.

General Dwight Eisenhower

Esse texto foi escrito no dia 5 de junho de 1944, um dia antes da invasão vitoriosa do norte da França pelas tropas aliadas, que deu início à retomada da Europa ocidental na Segunda Guerra Mundial.

É claro que ele não foi lido, pois o discurso proferido foi o da vitória, mas tornou-se documento emblemático que nos ensinou algumas lições sobre o que é liderança.

O general Eisenhower tinha dúvidas, e a possibilidade de falhar era real e potencialmente desastrosa, mas, a despeito dessas dúvidas, ele assumiu um risco calculado e tomou sua decisão. Isto é liderança.

Ele também teve a consciência de assumir toda responsabilidade pelo fracasso, caso ele ocorresse. Isso se chama responsabilidade.

Liderança é a habilidade de mostrar o caminho e a visão em face da incerteza. É tomar a melhor decisão baseada em dados disponíveis e dividir os créditos do sucesso com outros e aceitar a responsabilidade pelo fracasso sozinho.

O líder que inspira

Liderança é qualidade humana importante e ao mesmo tempo difícil de definir. Muitos a definem como a habilidade e desejo de demonstrar iniciativa em face da incerteza e de assumir a responsabilidade dos resultados.

Liderança também implica ter visão de um futuro melhor e estar pronto para servir aos outros. Observe que os líderes sempre estão envolvidos em atividades voluntárias, típicas de sua formação.

É importante lembrar que liderança não está associada à posição. Qualquer um que tenha a visão de fazer coisas melhores, ajudar aos outros a melhorar suas vidas e que toma iniciativa de provocar mudanças positivas, assumindo toda a responsabilidade por suas ações, pode ser descrito como líder.

Essa definição de liderança, tão aberta quanto possível, significa que qualquer um de nós pode praticar liderança sem esperar ser oficialmente apontado como tal.

No entanto, para aqueles que detêm posição oficial de liderança, a expectativa é clara, pois precisam servir, mostrar o caminho e estar prontos para assumir responsabilidade e encarar consequências de suas ações e decisões. Acima de tudo, precisam estar prontos para encarar a frustação por falhar e dividir os créditos do sucesso.

Atividade proposta

1. A história de Jack Sim[7] é fascinante e curiosa. Sua trajetória de vida está embasada em forte componente de inteligência emocional.

Leia o breve resumo de sua vida profissional apresentado a seguir e, com sua equipe, identifique as competências oriundas da inteligência emocional que podemos associar à sua pessoa. Quem sabe esta trajetória possa estimulá-lo a buscar objetivos de vida semelhantes.

Jack Sim, fundador da World Toilet Organization (WTO), foi homem de negócios de sucesso aos 24 anos. Após ter alcançado sucesso financeiro aos 40 anos, Jack sentiu que precisava mudar sua trajetória de vida e retribuir seu sucesso para humanidade – ele queria viver sua vida de acordo com seu lema "Viver uma vida útil". Assim, Jack logo deixou sua vida de homem de negócios e embarcou em uma jornada que o levou não só a ser voz para aqueles que não são ouvidos, mas também lutar por dignidade, direitos e saúde de vulneráveis e pobres em todo o mundo.

Jack descobriu que os banheiros eram, frequentemente, desprezados e haviam se tornado tópico envolto em constrangimento e apatia cada vez maior; falar de banheiros era tabu! Jack sentiu esta mensagem de desprezo em toda ilha em que vivia. Em 1998, criou a Restroom Association of Singapore – RAS (Associação dos Banheiros de Cingapura), cuja missão era melhorar o padrão dos banheiros públicos em Cingapura e em todo o mundo.

Por meio da RAS, a visão de Jack era colocar Cingapura no *mapa mundi*, ao levar esta iniciativa de prover banheiros públicos limpos para todos. Assim que Jack começou seu trabalho em Cingapura, percebeu que existiam em operação associações de banheiros em outros países.

Logo se tornou claro para ele que não havia canais disponíveis para compartilhar tanto as experiências entre estas organizações como também para facilitar obtenção de recursos e a comunicação. Havia ausência completa de sinergia. Como resultado, em 2001, Jack fundou a World Toilet Organization e, quatro anos mais tarde, o World Toilet College, em 2005.

Em 2004, Jack foi contemplado com o Prêmio *Singapore Green Plan* pela Agência Nacional do Meio Ambiente daquele país. Em 2006, foi convidado para o lançamento da The German Toilet Organization, em Berlim. Foi também membro fundador da American Restroom Association (ARA).

Em 2007, Jack tornou-se um dos principais membros com competência para convocar a Sustainable Sanitation Alliance (SuSanA), composta por mais de 130 organizações ativas no setor de saneamento. Jack é também um *Ashoka Global Fellow* (lideranças em empreendimentos sociais) e, em 2008, foi nomeado *Hero of the Environment* pela revista "Time". Jack também é conselheiro da Agenda Global do World Economic Forum.

Jack Sim possui mestrado em Administração Pública pela Lee Kuan School of Public Policy (2013), em Cingapura. Foi pré-selecionado para o Prêmio *Sarphati Sanitation*, em novembro de 2013.

Referências

1. HARARI, Y. N. *Sapiens*: a brief history of humankind. New York: Harper Collins, 2015.
2. PIERACCIANI, V.; BIFARETTI, L. *Império da inovação*: lições da Roma Antiga para tornar sua empresa mais inovadora. São Paulo: LVM Editora, 2019.

3. MAYER, J. D.; CARUSO, D.; SALOVEY, P. *Emotional intelligence meets traditional standards for an intelligence*. Intelligence, 1999.

4. GUTZLER, Steve. *Emotional intelligence for personal leadership*. Brooke Hubbard Leadership Quest Maggie Brookes Media (ed.). E-book.

5. GUTZLER, Steve. *Splash*: the ten remarkable traits to build momentum in life and lidership. California: CreateSpace, 2013.

6. GOLEMAN, D. *Inteligência emocional*: a teoria revolucionária que redefine o que é ser inteligente. São Paulo: Objetiva, 2005.

7. AL-ATABI, Mushtak. *Shoot the boss*: leading with stories in the age of emotional intelligence. Malaysia: Creative Commons, 2017.

9

Trabalho em Equipe

Sozinho, você pode muito;
trabalhando em equipe,
você pode tudo.

O novo papel do engenheiro

A engenharia, até o final dos anos 1980, era praticada de uma forma diferente da que é praticada no século XXI. No passado, a atividade era marcada pelo trabalho isolado; o engenheiro era um profissional de gabinete e ficava o tempo todo concentrado em concluir o projeto a ele conferido.

A interação com profissionais de outras áreas só era ativada após a conclusão do trabalho, o qual era traduzido em pranchas de desenho para detalhamento de construção.

O aparecimento das estações de trabalho de alto desempenho e da evolução da rede de computadores levaram o engenheiro a ser o primeiro profissional a se conectar em rede e constituir grupos de discussão, tão comum em nossos dias.

Essa facilidade mudou procedimentos de trabalho e impactou técnicas de projeto. Até então, o projeto de engenharia era realizado no formato *sequencial*, isto é, o engenheiro em seu gabinete projetava o produto e, ao final, encaminhava os desenhos para que outros profissionais dessem contribuições. Se alguma contribuição fosse pertinente, o projeto voltava para o engenheiro fazer as devidas alterações e o procedimento era reiniciado.

As equipes de marketing, produção, compras, entre outras, trabalhavam apenas com projetos acabados, razão pela qual eram frequentes os atrasos quando identificados os problemas, pois exigiam intervenção do engenheiro de projetos na solução.

A Figura 9.1 mostra o fluxo do projeto na engenharia sequencial. Nesse caso, os blocos das atividades são independentes, a comunicação entre equipes é deficiente e os profissionais são especializados.

A possibilidade de trabalho em rede permitiu contato permanente da engenharia, de forma rápida e eficiente, com os envolvidos no desenvolvimento do produto.

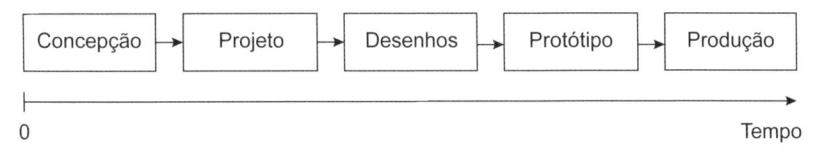

Figura 9.1 Engenharia sequencial.

Consolidou-se, então, a engenharia simultânea,[1] na qual, diferentemente da engenharia sequencial, todos os envolvidos no desenvolvimento do produto participam de modo ativo, desde a concepção ao produto final.

Nessa nova forma de trabalho, cada etapa cumprida pela engenharia é imediatamente comunicada aos envolvidos, não só para avaliação do que foi feito e do impacto da mudança no setor, mas também para sugerir alterações no momento em que tudo ainda está no papel. Isso minimiza custos das alterações do projeto e acelera a finalização.

A Figura 9.2 mostra o fluxo do projeto na engenharia simultânea. Os blocos de atividades são interligados, a comunicação entre blocos é eficiente e a equipe é multidisciplinar.

Essa forma de trabalho veio ao encontro da evolução tecnológica deste século, pois, para projetar equipamentos e sistemas eficientes, econômicos e sustentáveis, faz-se necessário o concurso de profissionais oriundos das mais diversas especialidades e profissões e, por esta razão, o trabalho em equipe passou a ser exigência.

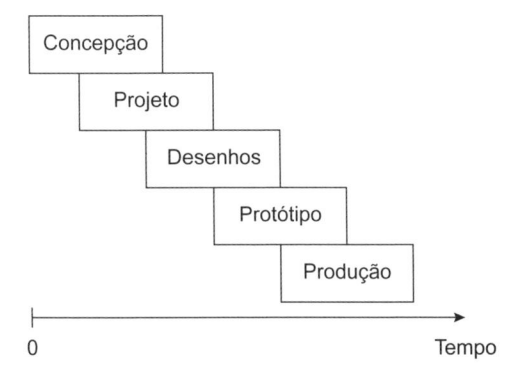

Figura 9.2 A engenharia simultânea.

A engenharia simultânea é baseada em uma equipe multidisciplinar, apoiada por tecnologia da informação, com ferramentas de gestão, simuladores, banco de dados e forte aparato de comunicação. Tal arcabouço tecnológico acelera o desenvolvimento do projeto, reduz custos das mudanças, como já citado, e, se bem gerida, pode dispensar a confecção de protótipos, partindo-se diretamente para a linha de produção.

O fluxo de informações é tal que, qualquer alteração no projeto é imediatamente informada a todos, para que os envolvidos sejam acionados para efetuar novas simulações, tanto de ordem tecnológica quanto de ordem econômica e de produção, com vistas a avaliar o impacto no custo final do produto.

A engenharia simultânea é "centrada na equipe", enquanto a engenharia sequencial é "centrada no profissional". Como consequência dessa mudança de enfoque, a postura do engenheiro precisou se adaptar aos novos tempos, dado que trabalhar em equipe passou a ser a palavra de ordem da profissão. O trabalho em equipe é o requisito colaborativo mandatório na prática da engenharia; é muito difícil ter sucesso sem essa habilidade.

Apesar de mandatório, empresários e dirigentes industriais criticam o fato de a academia não preparar os engenheiros para a prática do trabalho em equipe. Nos trabalhos em equipe realizados na escola, os membros não são escolhidos por suas diferentes qualificações, mas sim por outras questões, que transcendem a complementaridade de competências exigidas de seus membros na sua montagem.

Equipes de sucesso compreendem profissionais motivados e que apresentam as habilidades e atitudes necessárias para encarar o desafio do projeto. Os membros complementam uns aos outros e trazem para a mesa de discussões diversidade de ideias que estimulam a criatividade.

A qualificação do profissional tem origem no cérebro, nas mãos e no coração. As atividades cognitivas estão sediadas no cérebro. É nele onde guardamos nossas habilidades técnicas, oriundas de vários anos de estudo e vivência da profissão. Por ser produto de elevada qualidade, deve ser sempre atualizado com novas informações, como aquelas obtidas no processo de educação continuada, tais como cursos, visitas, participação em congressos e outras atividades similares.

As atividades psicomotoras são as habilidades manuais, que nos dão competências específicas para realizar determinadas funções, tais como: operar máquinas, utilizar *softwares* específicos e outros.

O coração está ligado à afetividade, que sedia nossa competência nas atitudes e emoções que devemos ter para trabalhar em equipe com eficiência.

Como exemplo, determinada equipe pode requisitar um profssional que tenha conhecimento de projeto estrutural em engenharia civil (cognitiva), que saiba operar *software* proprietário da empresa (psicomotora) e que tenha excelente habilidade de comunicação e empatia (afetiva).

Cuide bem dessas competências. A chave do sucesso passa por elas.

Evolução da equipe

Bruce Wayne Tuckman[2] realizou pesquisa sobre a teoria da dinâmica da equipe. Em 1965, publicou artigo seminal em que introduz os *estágios de desenvolvimento Tuckmam*. De acordo com essa teoria, existem quatro fases de desenvolvimento da equipe: formação, tempestade, normatização, desempenho.

A Figura 9.3 apresenta o fluxo dos eventos das quatro fases do Modelo Tuckman. Os eixos coordenados são graduados de baixo para o alto, refletindo o domínio do conhecimento e do entusiasmo da equipe.

1. *Formação*: neste estágio, a maioria dos membros mostra-se positivo e educado. Alguns estão ansiosos por não ter completo entendimento do que a equipe vai fazer. Outros estão simplesmente excitados com a tarefa a ser encarada.

    Exercendo a liderança, seu papel é dominante, pois para os membros da equipe as responsabilidades ainda não são claras.

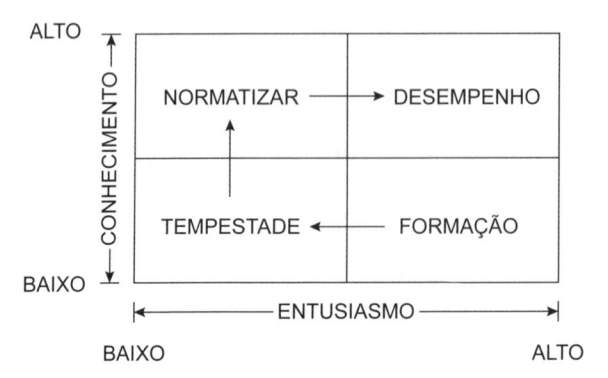

Figura 9.3 Modelo de Tuckman.

Esta fase pode demorar algum tempo, pois as pessoas estão apenas começando a trabalhar juntas e se esforçando para conhecer umas às outras.

2. *Tempestade*: na sequência, a equipe passa para a fase de contestação, na qual pessoas começam a agir contra os limites estabelecidos na fase de formação. Este é o estágio em que muitas equipes fracassam. Contestações, frequentemente começam no conflito entre estilos de trabalho. Pessoas trabalham de formas diferentes por toda sorte de razões, no entanto, diferentes estilos de trabalho causam problemas imprevistos, podendo causar frustrações na equipe.

Questionamentos também podem ocorrer em outras situações. É o caso quando alguns membros desafiam a autoridade da liderança, ou lutam por mais espaços assim que seu real papel estiver definido. Ou, ainda, se a liderança não tiver estabelecido claramente a metodologia de trabalho, as pessoas poderão se sentir sobrecarregadas e ficar desconfortáveis com os procedimentos aplicados.

Alguns podem até questionar a validade dos objetivos da equipe e resistir em assumir algumas tarefas. Mesmo membros assíduos podem experimentar desgastes, particularmente aqueles que não sentem apoio do processo aplicado ou relacionamento estreito com seus pares.

3. *Normatização*: aqui, a equipe passa à fase de normatização, pois as tarefas estão claras e definidas. Quanto aos membros, começam a resolver suas diferenças, admirar os esforços dos demais e respeitar a autoridade do líder.

Agora que os membros se conhecem bem, evoluem para o processo de socialização, pois adquiriram intimidade suficiente para solicitar ajuda do outro e receber respostas construtivas. Quanto ao líder, começa a observar forte crescimento do comprometimento de seus liderados.

No entanto, é frequente ocorrer sobreposição entre as fases de tempestade e normatização, em face da exigência de novas tarefas, que podem levar à equipe a regredir para o comportamento típico da etapa de contestação.

4. *Desempenho*: finalmente, a equipe atinge a fase de realização, fruto do trabalho duro que foi conduzido, sem atrito, ao objetivo final. As estruturas e processos definidos pelo líder estão adequados e bem ajustados.

O líder também adquire confiança suficiente para delegar atividades e poder se concentrar no desenvolvimento dos membros.

Nesta fase, aflora o sentido de pertencimento, e as pessoas que chegaram ou saíram não chegam a perturbar o desempenho do grupo.

Qualidades do profissional

John C. Maxwell, escritor consagrado do comportamento humano, descreve em seu livro *17 princípios do trabalho em equipe*,[3] as qualidades que o profissional deve praticar para ter sucesso no trabalho em equipe. Vamos descrevê-las aqui, adaptando-as, na nossa visão, ao trabalho do engenheiro.

1. Capacidade de se adaptar a novos desafios

Tenha sempre em mente: o mundo está certo. Se alguém julga todos como incompetentes, a possibilidade de estar enganado é total. Mude a si mesmo antes de pensar em mudar o mundo.

Situações como esta são encontradas no trabalho em equipe e precisam ser bem cuidadas para evitar conflitos.

As dificuldades começam na formatura. No passado, o estudante de engenharia mecânica procurava um anúncio de emprego clamando por engenheiros mecânicos; os eletricistas, por anúncios clamando por engenheiros eletricistas; e, assim, os demais. Esse tempo já acabou.

As ofertas de emprego atuais focam em competências distintas daquelas associadas à habilitação do profissional. É comum encontrar chamadas, algumas em inglês, como *Business Development Engineers, desenvolvedores de Wearables.*

Competências, como as citadas, são aplicáveis a todas habilitações de engenharia. Engenheiros, com qualquer formação, podem se candidatar a esse tipo de emprego.

É nesse momento que aquele que consegue se adaptar com maior facilidade leva vantagem na busca de um posto de trabalho.

O trabalho em equipe é, essencialmente, uma atividade multidisciplinar. O engenheiro, nela inserido, enfrentará problemas de toda ordem, relacionados ou não com a formação adquirida na escola.

Se o profissional tiver por objetivo adquirir protagonismo que possa levá-lo à promoção na carreira, deve estar preparado para enfrentar situações deste tipo.

É comum o engenheiro ser chamado a opinar sobre questões econômicas, sociais e de outras habilitações. Se omitir, demonstra insegurança, falta de preparo, incompetência na busca do conhecimento. Posturas como essas o isola e representa o primeiro passo para ser expelido da equipe.

A frase de John C. Maxwell retrata com precisão a importância da capacidade de adaptação no trabalho em equipe: "Se você não mudar pela equipe, a equipe poderá mudar você".

2. Espírito colaborador

O prefixo "co" é muito utilizado na língua portuguesa para designar uma série de atividades de significado nobre, quando aplicado a mais de uma pessoa. Cooperação, por exemplo, "é a forma de ajudar as pessoas a atingir um objetivo; onde duas ou mais pessoas trabalham em função de um bem. Coordenar, reunir ou dispor segundo uma certa ordem, de modo a formar um conjunto organizado ou a atingir um fim determinado".

Quando se refere a única pessoa, a palavra resultante é depreciativa. Cooptar, por exemplo, exerce o sentimento obscuro da ilegalidade. Cooptar significa "admitir alguém em uma corporação, instituição etc., dispensando-o das formalidades e condições usuais de admissão".

A palavra "colaborar" significa cooperar com dinamismo, trabalhar com uma ou mais pessoas em uma obra: cooperar, participar. Colaborar não é apenas trabalhar com os outros, ou ajudar os outros, vai além disso. Colaborar com a equipe é se integrar de tal forma que esta deixa de ser um conjunto de pessoas, para ser um ente único com o objetivo de atingir o sucesso.

A equipe assim formada se transforma em organismo coeso, indissociável, no qual o sofrimento ou o sucesso de um é sentido ou comemorado por todos, com a mesma intensidade como se fossem deles.

Quando se atinge esse estágio de desenvolvimento, a inteligência da equipe é bem superior à soma das inteligências dos componentes.

O trabalho das formigas retrata muito bem o conceito da "colaboração", apesar de estar errada a ideia de que cada elemento faz o trabalho que lhe é devido sem se preocupar com as demais. A comunicação entre elas é permanente, levando a inteligência da equipe a patamares elevados.

Na equipe colaborativa, não há espaço para competidores. A engrenagem é tal que todos atuam como unidade de trabalho conjunta, na qual é mais importante completar um ao outro do que competir entre si.

O espírito de colaboração exige confiança nos parceiros, concentração na equipe. Lembre-se de que a vitória só acontece pela multiplicação, como na corrida de revezamento. Concentre-se para passar o bastão na hora certa, pois a vitória será de todos.

3. O compromisso

O compromisso é algo inalienável, intransferível, intransmissível, invendível. O compromisso é o ato de entrega a uma causa. O casamento, por exemplo, é um compromisso tal que, no ato em que é selado, liga duas pessoas por toda a vida.

Para o sucesso, não basta acreditar na causa, é preciso se comprometer totalmente com aquilo em que se acredita.

O compromisso é a qualidade que se destaca na adversidade, pois é nela que se fortalece a determinação do indivíduo.

O compromisso não está associado ao talento ou habilidades. São vários os exemplos de profissionais que nos bancos escolares tiveram desempenho sofrível, mas são pessoas de sucesso na vida profissional. Isso se deve ao compromisso.

Compromisso e talento são virtudes distintas, mas o talento só é reconhecido quando o compromisso é assumido. O talento compromissado com a equipe é acionado a todo instante para se manifestar de modo a contribuir com a solução de problemas. É o momento para se destacar como competente naquilo que se propôs a fazer e a ser respeitado pelo grupo.

O talento não compromissado é isolado, quando não expelido pela equipe. Quantos talentos foram desperdiçados pela falta de comprometimento.

Monte sua equipe com pessoas compromissadas. Se tiverem talento, tanto melhor, mas com liderança firme, ética, todos desafios serão vencidos. Lembre-se de que ninguém que lutou uma boa luta deixa de se orgulhar da batalha, mesmo quando superado no embate.

A luta mais difícil do mundo é contra você mesmo. O reconhecimento do trabalho não está vinculado apenas ao conhecimento técnico de engenharia adquirido, mas ao comprometimento com seus pares, que sabem poder contar com sua competência em qualquer momento adverso.

Quando seu dia a dia contempla a intenção de permanecer na equipe por ocasião de adversidades, reflita se de fato não está na hora de reafirmar seu compromisso com o grupo.

4. De novo, a comunicação

A comunicação entre as pessoas, já discutida neste livro no contexto do *falar em público*, assume também papel relevante. A eloquência ao falar e ao escrever nas comunicações entre seus pares e reuniões de equipe constitui a arma mais poderosa de convencimento de suas ideias.

Sem esta habilidade, será comum identificar pessoas com mérito muito inferior ao que possui decolarem na sua frente. Seja o sábio, mas pesquise a linguagem daqueles que vão ouvi-lo. A busca pela vitória é dura, mas soluciona todos os problemas.

Reflita sobre coisas comuns que compartilha com seus pares. A convergência de comportamentos, gostos, pensamentos estimula a união e facilita a comunicação.

O momento em que a comunicação assume seu protagonismo ocorre quando o conflito inevitável acontece. É comum as pessoas se afastarem, esperando que o tempo resolverá o problema. Não é isso que ocorre.

Agindo dessa forma, as pessoas imaginam que há dúvidas e, quando há dúvida, o benefício sempre é atribuído a si mesmo. John C. Maxwell sugere a *Regra das 24 horas*, isto é, não deixe passar 24 horas sem voltar a discutir o problema e tentar resolvê-lo de forma permanente.

Registre no papel todas as conversas e faça seus pares terem conhecimento do documento. Isso permite o resgate de informações importantes no futuro, que podem ser úteis na correção de rumo de projetos ou na identificação de que aquilo que está sendo feito é o correto.

Para melhorar a comunicação, seja sincero, rápido em suas ações, para evitar interpretações equivocadas, pois as pessoas se realizam quando envolvidas em decisões. Seja discreto com informações classificadas.

5. A diferença que faz o competente

Eric, nome fictício de um aluno de engenharia, procurou-me para reclamar do excesso de atividade exigido na disciplina de projeto. Dizia o estudante que, para atingir o indicador de qualidade requerido pela disciplina, demandava esforço além do razoável para um jovem como ele.

O projeto que Eric estava envolvido era de fato complexo. Ele estava desenvolvendo uma linha de raciocínio original e, por esta razão, as dúvidas surgiam e a busca pelas respostas consumia tempo, que ele queria reduzir.

Essa dificuldade era por ele traduzida em planejamento malfeito pelo curso, que deveria ter avaliado a complexidade que enfrentava. Comentava também que, se estivesse em uma indústria, a vida seria mais fácil, pois os mais velhos o ensinariam a resolver o problema de imediato.

Tal raciocínio faz parte do imaginário de vários estudantes. Supor que a vida profissional dará as respostas às suas dúvidas no momento preciso é ficção. Disse a Eric que, se em algum momento demonstrar fraqueza na atuação profissional, o caminho que o espera é outro. Quem tem que dar respostas é o engenheiro. Ficar esperando que a solução chegará por intermédio de outro é ilusão, pois todos estão no mesmo barco, tentando sobreviver no mercado competitivo de nossos dias.

A solução é a competência. Sobrevive quem souber resolver os problemas. Aquele que estuda mais e tem prazer em aprender coisas novas fará a diferença, se estiver comprometido com a equipe. Lembre-se de que, se não for competente, a equipe também não o será.

O sucesso é o sonho de todos, mas poucos estão decididos a enfrentar o desafio que o sucesso exige. Para falar um pouco de futebol, o goleiro brasileiro Rogério Ceni é o profissional que mais marcou gols exercendo esta posição. Mas por que chegou a essa condição de excelência? Após cada treino, Ceni ficava sozinho no gramado, praticando por mais 90 minutos. Fez isso durante toda sua carreira, até o último treino como jogador de futebol.

A competência é a mais nobre habilidade do profissional, a qual, somada à habilidade de trabalhar em equipe, conecta-o na trilha do sucesso.

6. A diferença que faz o profissional confiável

Wolfram Von Eschenbach foi um poeta do século XII nascido no Leste alemão. A importância deste poeta para a Alemanha é tal que há pelo menos cinco cidades com seu nome no país. Para identificar a confiabilidade de alguém, Eschenbach cunhou seu famoso ditado: "Não tenha medo daqueles que discutem, mas daqueles que se esquivam".

A confiança implica abertura e despojamento de interesses imediatos. O interesse da equipe, e não daquele que preconiza, é o que deve ser buscado a todo custo.

Só pessoas confiáveis conseguem agir assim. O comportamento esquivo do tipo: "deixa rolar para ver como é que fica", além de reduzir a competência da equipe, macula a imagem do profissional, que aos poucos é descartado do sistema.

O profissional confiável não se atém naquilo que considera sua tarefa no seio da equipe. Observar com atenção o que ocorre ao redor é importante, pois pode impactar em ideias arrojadas para melhorar o desempenho da equipe.

7. A diferença que faz o profissional disciplinado

A disciplina é muito confundida com rotina. Ser disciplinado significa algo mais do que ser rotineiro. O disciplinado faz a tarefa, que pode ser rotineira, como se fosse a primeira vez, cuidando dos mínimos detalhes e buscando aperfeiçoá-la a cada momento.

Um exemplo de profissional disciplinado é o escritor. Trabalhar em sua obra algumas horas por dia, no mesmo horário, é rotineiro, mas com a atenção dedicada ao trabalho transforma esta rotina em disciplina.

A disciplina não admite trabalhar sem pensar, como robô, pois é isto que nos diferencia das máquinas na realização de tarefas.

Malcom Gladwell[4] descreve em *Fora de série – Outliers* detalhes da carreira de norte-americano Tiger Woods. O já consagrado golfista treinava algumas horas por dia, com bolas em banco de areia, para superar aquilo que identificava como deficiência. A disciplina de Tiger Woods, característica de sua personalidade, levou este profissional ao "*hall* da fama" do golfe.

Esta virtude se aplica com precisão no dia a dia do estudante de engenharia. A disciplina de reservar períodos de estudos para se dedicar à consolidação daquilo que foi discutido em aula aumenta o rendimento escolar e facilita a gestão do tempo, tornando a vida mais fácil.

Lembre-se de que o sucesso concede recompensas para poucos, mas é o sonho de multidões. Praticar a disciplina é um requisito para obtê-lo. Ficar na média é sinônimo de medíocre.

8. Acredite nos outros

No trabalho em equipe, acredite nos outros. Confie que darão o melhor de si para que o objetivo seja atingido e faça-os ver que de fato confia neles. Mas como fazer isso? De início, acredite nos outros antes de eles acreditarem em você. Todo ser humano é único e tem algo especial. Esforce-se em identificar que algo é esse, e em momentos descontraídos, compartilhe seu sentimento para ouvir sua opinião.

Apesar de muitos afirmarem que estão abertos às críticas, a realidade é bem diferente. A crítica afeta a autoestima e causa problemas no futuro. Seja hábil no tratamento quando alguma dificuldade se apresentar. Reflita como abordar aquele assunto de forma positiva, isto é, encontrando palavras de aprovação para o esforço realizado e palavras de incentivo para seu parceiro encontrar outra solução, sem criticá-lo.

Em família ou entre amigos, nos momentos em que se está na mesa, para tornar o ambiente mais agradável, servimo-nos um ao outro. Esse é o princípio que norteia o ser humano expansivo, que deseja ver os outros crescerem, pois sabe que assim ele cresce também. Sirva os outros antes que eles o sirvam.

Não seja egoísta, pois no trabalho em equipe isso não é admissível. No futebol, por exemplo, não é possível ser campeão sozinho, portanto passe a bola para seu parceiro, que você a receberá de volta e poderá ser aquele que fez a diferença na partida.

Por fim, valorize sempre e exclua *desvalorizar* de seu dicionário, pois as pessoas sempre seguirão aqueles que as incentivam e se afastarão daqueles que as desvalorizam.

9. Mantenha o entusiasmo

A escola de samba na avenida é um exemplo emblemático do poder do entusiasmo coletivo. São quase 3000 figurantes, que precisam estar sincronizados com o ritmo da bateria.

Antes da avenida, centenas participaram da confecção dos carros, que levam mais de 4000 horas para serem montados. Vários outros se dedicaram à logística do movimento da escola. Enfim, não se consegue colocar a escola na avenida se não houver muito entusiasmo.

O entusiasmo do diretor de bateria contagia os figurantes, que, por sua vez, contagiam a arquibancada, de modo que esse entusiasmo coletivo, aliado à beleza das cores das fantasias e dos carros alegóricos, contagia os membros do júri.

Imagine que sua equipe de trabalho seja a escola de samba. Então, a primeira etapa é passar ao grupo o entusiasmo necessário. Aja como o diretor de baterias da escola de samba. Isso só acontece acreditando naquilo que faz e pensando nos aspectos positivos do trabalho.

Conviva com pessoas entusiasmadas, dado que o entusiasmo é contagioso. Não deixe a apatia tomar conta de você, pois ela só aumentará suas desculpas.

O entusiasmo está relacionado com o senso de urgência e com a disposição de querer fazer mais e com qualidade, e, ao final, orgulhar-se de tê-lo feito.

10. Intencional – objetivo de vida

É comum ver nas salas de espera painéis nos quais estão declaradas a visão e a missão da instituição. O que significam essas declarações? São aquelas que constituem a intenção da empresa durante sua existência. Quando a Toyota estabeleceu a missão de:

> Satisfazer as necessidades e superar as expectativas dos clientes, atuando com princípios éticos, respeitando a sociedade e o meio ambiente.
>
> Trabalhar com espírito de servir, promovendo o bem-estar das pessoas e traduzindo essas intenções em valores percebíveis pelos clientes, conquistando sua fidelidade e assegurando o crescimento e a evolução do negócio.
>
> Proporcionando ao consumidor a melhor experiência de compra e posse.

declarou que todos esforços e ações seriam dirigidos para que a missão fosse cumprida. O resultado mostrou que o consumidor acreditou nessa intenção e tornou a empresa a maior fabricante de automóveis do planeta.

Por que não ter missão a cumprir em nossas vidas? Para isso, basta escrever aquilo que julgue a coroação de sua passagem pelo planeta. Reflita sobre isso, escreva sua missão e leve-a na carteira, fazendo tudo que julgar correto para conclui-la.

Todo indivíduo de sucesso tem objetivo de vida (missão) bem estabelecido. Trabalhe com propósito, sobretudo com sua equipe, e faça valer cada ação como um ato afirmativo para cumprir a missão.

No trabalho em equipe, o indivíduo intencional concentra-se em fazer coisas certas a cada instante e sempre olhando para frente, pois tem um propósito que vale a pena ser vivido. Explore seus pontos fortes e se esforce em identificar seus pontos fracos. Note que nossos pontos fracos são expostos pelos adversários e não por amigos. Assim, ouvir com atenção o contraditório só o enriquecerá.

11. Tenha consciência da missão

A instituição que o emprega tem missão estabelecida. Como colaborador, suas ações deverão estar aderentes a ela. A equipe, por sua vez, além de assumir a missão da empresa, agrega conceitos qualificativos adicionais para estabelecer sua própria missão.

A missão da equipe deve estabelecer a direção a ser seguida por seus membros. A necessidade da missão é indispensável para o sucesso da equipe.

É a existência da missão da equipe que possibilita a escolha de seu líder. O líder será aquele que sabe o caminho a ser tomado para o cumprimento da missão. É a missão que permite que o líder seja de fato um líder.

A virtude do líder é a capacidade de tornar a missão realidade e fazer aquilo que é necessário para cumpri-la.

Passando para o lado pessoal, o engenheiro também precisa ter sua missão, e esta deve estar aderente à missão da equipe e da instituição. Quando essas três declarações estiverem alinhadas, não só o profissional, mas também a equipe e a instituição se tornarão imbatíveis.

Algumas instituições, sobretudo pequenas e médias empresas, não têm missão definida. Nesse caso, a missão da equipe adquire maior importância. Cuide para que a missão da equipe seja aderente a seus valores e a prática da ética a todo o custo.

Da mesma forma que seus objetivos de vida são lembrados a todo instante, a missão da equipe e da instituição devem estar sempre presentes no seu dia a dia. Mantenha-as à sua frente, escreva-as em cartaz e as posicione em lugar visível no seu posto de trabalho.

Dê o seu melhor, não seja egoísta, pois isso prejudica toda equipe. Lembre-se do futebol, quantas vezes um belo gol não foi concluído porque o jogador pensou antes em seu sucesso em vez do sucesso da equipe.

Colocar o sucesso da equipe antes do sucesso pessoal é difícil, mas é assim que deve ser.

12. Esteja preparado

Quando se realiza uma tarefa pela primeira vez, encontramos várias dificuldades oriundas do desconhecido. Sem preparo inicial, recorremos à intuição para superar fases de conclusão do projeto. Várias tarefas não são interpretadas adequadamente, cujo efeito resulta em retrabalho, não só da parte que lhe cabe no processo, mas dos demais membros da equipe.

A fase de aprendizado é lenta, sobretudo quando envolve atividade intelectual, e situações como esta são encontradas com frequência na prática profissional.

No Capítulo 5, discutimos virtudes da boa comunicação e lá deixamos claro a importância da prática na hora de fazer a apresentação. Quando você treina repetidamente uma atividade, o desempenho na sua realização é imenso.

Apenas pessoas preguiçosas não se preparam, esperam aprender apenas no momento em que é acionado para realizar a tarefa, pensando que aquilo que deve ser feito é muito simples. A prática anterior evita o enfrentamento de imprevistos que tantos custos agregam ao processo.

Malcolm Gladwell[4] sugere que alguém que está realmente preparado para realizar, com competência, qualquer tarefa é aquele que a praticou por 10 mil horas. É o que ocorre com atletas de alta *performance*. Não foi talento que o levou a esse nível de rendimento, e sim a dedicação aos treinos em grupo ou sozinho, desde a infância.

A vida profissional tem a mesma característica, isto é, quem faz melhor a tarefa é aquele que a pratica com dedicação. Siga este conselho, pois assim se destacará na equipe, já que todos acreditarão em seu trabalho, e a autoconfiança e a autoestima o farão acreditar mais em si mesmo e encorajá-lo a encarar desafios ainda maiores em sua carreira.

É importante destacar que quem acredita em si mesmo e nos membros da equipe está preparado para o sucesso.

Reflita sobre o que faz. Nada que possa dar destaque ao profissional é feito mecanicamente. Pesquise, descubra ferramentas de pesquisa de sua atividade e se especialize em utilizá-las. Por fim, aprenda com os erros. Profissional preparado não é sinônimo de sucesso, mas o sucesso exige um profissional preparado.

13. Cuide de seus relacionamentos

A academia é um local famoso pelas *fogueiras de vaidade*. Muitos querem se afirmar como pesquisadores competentes e de mentes brilhantes. Histórias e fatos desse tipo proliferam. É comum ver pesquisadores jovens, que realizam um bom trabalho, serem bombardeados com atitudes que beiram ao *bullying*.

É difícil gerenciar posturas como essas em ambiente em que a competição pelo sucesso pessoal supera em muito a competição pelo sucesso da equipe junto a objetivos maiores.

No entanto, ilhas de sucesso ocorrem e, para não fugir à regra, essas ilhas são agora criticadas por outras que não atingiram a mesma visibilidade.

Esse organismo é o único no mundo em que tal postura sobrevive, pois a *fogueira das vaidades* é tolerável no ambiente acadêmico.

No ambiente profissional, essa postura não tem espaço e é rechaçada, pois, diferentemente do que ocorre no ambiente acadêmico, no qual o que se valoriza é o nome do pesquisador, no ambiente profissional o único ente a ser valorizado é o nome da instituição.

Essa é a razão que justifica várias histórias de grandes pesquisadores não terem obtido sucesso ao se transferir para o setor produtivo, e vice-versa.

Experimente enxergar as coisas boas nas pessoas com quem convive e elogie-as por isso. Não apenas um elogio protocolar, que parecerá falso, mas um elogio sincero. Admire a qualidade de seus pares e deixe claro, de modo sincero, que reconhece esses valores e que eles os fazem pessoas diferentes.[5,6]

O reflexo dessa postura será imediato. Todos gostarão de estar a seu lado. O bom relacionamento é o ímã que mantém membros da equipe unidos. Quanto mais sólido forem os relacionamentos, mais unida a equipe.

Nossas reações nos traem. Nenhum companheiro agregará força de trabalho para ajudá-lo se o tratar como um "joão-ninguém". Seja realmente sincero, a confiança é o maior valor da relação entre pessoas. Sem confiança, o relacionamento não se sustenta.[6]

O respeito e a confiança, por incrível que pareçam, obedece à Lei da Ação e Reação de Newton.

14. Educação continuada

A evolução do conhecimento de qualquer área profissional é realizada à velocidade surpreendente. São vários os estudos que apontam que o conhecimento da humanidade dobra a cada 18 meses (ou menos). Esta afirmação é fruto da quantidade de publicações científicas disponíveis em nossos dias.

Independentemente, se o número de meses está correto ou não, a acelerada produção de conhecimento em nossos dias é notória. A tecnologia da informação disponibilizou ferramentas que afetaram várias profissões, extinguiram algumas e estimularam o desenvolvimento de várias outras.

O profissional de nosso tempo precisa estar atento a essas evoluções e deve identificar que sua profissão pode ser afetada por movimentos tecnológicos. Não há, portanto, outra alternativa para o profissional de sucesso que não seja aquela de se manter atualizado.

As Diretrizes Curriculares Nacionais do Curso de Graduação em Engenharia dedicam espaço razoável a essa recomendação. Os estudantes de engenharia precisam estar informados de que o curso de graduação não pode ser entendido como curso terminal. A graduação não é mais requisito de garantia ou manutenção do emprego. A educação continuada, ou seja, aquela que é realizada a todo instante após a obtenção do título, é a palavra de ordem para qualquer profissional, sobretudo para o engenheiro, cuja profissão é a mais afetada pelos desenvolvimentos tecnológicos.

Para acompanhar esse movimento, mantenha-se aberto ao aprendizado, tenha prazer em aprender e não se porte como especialista, pois todos temos algo aprender e o ego é nosso terrível inimigo. Planeje seu progresso, leia artigos de revistas de sua área e identifique as deficiências de seu arcabouço de conhecimentos. Valorize o aperfeiçoamento antes da autopromoção.

Após a formatura, se engaje em programas de formação de curta ou longa duração. O portfólio de programas MBAs, especialização, aperfeiçoamento e atualização é imenso. Se tiver como objetivo de vida a carreira acadêmica, uma alternativa maravilhosa, procure os programas de pós-graduação *stricto sensu*, como mestrado e doutorado. Escolha qualquer um deles, só não fique parado.

15. Desapegue das fofocas

A conversa no canto, às escondidas, constitui a maior fonte de desagregação da equipe. Evite políticas internas, concentre-se na tarefa que tem a realizar. Aja como um soldado, que, além de cumprir sua tarefa, está sempre atento às dificuldades de seu parceiro. Albert Einstein, entre outras frases emblemáticas, cunhou esta: "A pessoa começa a viver quando é capaz de viver fora de si mesma".

Seja leal com sua equipe, pois só a lealdade é capaz de gerar unidade e só a unidade é capaz de levar a equipe ao sucesso.

Reflita sobre o que faria, sendo jogador de futebol, se, no instante em que julga estar dando tudo de si, fosse substituído. É difícil ter desprendimento de aceitar a decisão do líder, mas é assim que deve ser feito.

Cabe ao líder identificar as particularidades do momento a que a equipe está sujeita. O bom líder tem consciência plena da estratégia para cumprir a missão, e os soldados, as ferramentas para realizá-la. Se liderança e liderados não confiam em suas ações, não existe equipe.

Max Gehringer é administrador de empresas e escritor, autor de diversos livros sobre carreiras e gestão empresarial. Gehringer tem espaço diário na Rádio CBN, onde dá dicas sobre emprego, informações sobre diversos aspectos da gestão de negócios, além de orientações a quem busca aprimorar sua carreira.

Em uma de suas intervenções, Max Gehringer comenta uma pergunta do ouvinte, que pede orientações sobre o que fazer quando não está de acordo com as ações da empresa sobre determinado tema. A resposta de Gehringer foi brilhante. Em resumo, disse ele: "Se quiser fazer o que quer na empresa, adquira uma. Como empregado, sua função é realizar a tarefa que lhe foi atribuída. Decisões estratégicas são tomadas no mais alto nível da instituição".

Seja modesto, falar de si mesmo nada agrega à equipe. Não se promova, promova alguém. Assuma a função de subalterno e faça algo para alguém hoje. Quem sabe não será retribuído amanhã?

16. Esqueça o *mas...*

Nas reuniões para estabelecer diretrizes sobre determinado cenário que a equipe enfrentará, o comportamento negativo é aquele que menos contribui para a convergência da solução do problema.

Imaginar que ideias apresentadas não são adequadas é a postura mais simples quando não se quer resolver a pendência.

Rebater ideias imaginando cenários divergentes, sem embasamento seguro que garanta a afirmação, promove dispersão dos esforços, e a equipe patina.

A maioria das pessoas veem obstáculos e poucos veem objetivos. Aqueles focados em objetivos são os lembrados na escada do sucesso, enquanto os demais são simplesmente esquecidos.

O primeiro grupo são os que têm apego ao *mas*, isto é, falam que a ideia é interessante, *mas....* Em seguida, bombardeiam os presentes com uma série de suposições sem qualquer consistência, extraída de grande imaginação negativa.

É com o surgimento de problemas que as mentes preparadas aproveitam para se destacar. Estar aberto para ouvir as opiniões de seus pares e ser sincero em suas ações levam ao crescimento da equipe.

Escute com a atenção a proposta do seu colega e procure entendê-la com a mesma visão do interlocutor. Feito isso, você está pronto para dar contribuição para evolução da proposta.

Não seja agressivo nas colocações, fale com calma e pausadamente. Falar rápido e em tom elevado tumultua o ambiente, e comentários paralelos de desaprovação logo começam a surgir.

Encarar o problema é o momento que nos leva a parar ou ir além de nossos limites. Qual opção você escolhe? Seja aquele voltado para a solução. Não admita a ideia de desistir e tenha pensamento firme.

17. Seja persistente

Se você é daqueles que desistem no primeiro fracasso, desista. Esta leitura não é para você. A persistência é a maior virtude do vencedor. A cada erro, um aprendizado rico nos é oferecido.

Apenas o sucesso é relatado, os erros são mascarados, no entanto, atrás de cada sucesso, há infinidades de erros. Apenas aqueles que persistiram, aproveitando o que foi aprendido com os erros do passado, atingiram os objetivos.

Dizem que Thomas Edison realizou mais 100 tentativas sem sucesso até chegar à lâmpada incandescente. Santos Dumont errou 14 vezes até alcançar os céus, autonomamente, com um veículo mais pesado que o ar.

Foi a persistência que levou os grandes homens ao sucesso.

Atividade proposta

1. Apesar de todas as dificuldades de montar e conduzir equipes, todos profissionais estão convencidos das grandes vantagens desse modelo.

   Não apenas grandes equipes realizam trabalhos de alto valor agregado, mas também equipes minúsculas, como aquelas constituídas por apenas dois componentes.

   Como exemplos, citamos os dois irmãos Wright, que desenvolveram o avião; Marie e Pierre Curie, os quais trabalharam com a radioatividade e ganharam o Prêmio Nobel de Física. Como exemplos mais recentes, temos o de James Watson e Francis Crick, cujo trabalho em equipe levou-nos ao entendimento da estrutura do DNA. Na área da computação, não podemos deixar de citar a dupla constituída por Steve Jobs e Steve Wozniak, pelo sucesso da Apple, e Bill Gates e Paul Allen, por sucesso semelhante na Microsoft.

O modelo mais simples composto de um membro visionário e outro realizador parece ser fórmula infalível para o sucesso. Uma equipe com esse perfil é caracterizada pela complementaridade das competências de seus membros.

Em 2015, a ONU estabeleceu os 17 Objetivos de Desenvolvimento Sustentável (ODS) para 2030. Escolha um dos ODS e forme com um colega de classe uma equipe de duas pessoas. Façam um estudo simples, que possa ser descrito, no máximo, com 3000 caracteres, sobre uma ideia que possa contribuir para a sociedade atingir o ODS escolhido.

Referências

1. PEDRINI, M. K. *Engenharia simultânea*: planejamento e controle integrado do processo de produção/projeto na Construção Civil. 233 f. Dissertação (Mestrado em Engenharia Civil) – Programa de Pós-graduação em Engenharia Civil da Universidade Federal do Espírito Santo (UFES), Vitória, 2012.

2. TUCKMAN, B. W. Developmental sequence in small groups. Psychological Bulletin, 63(6), 384-399, 1965. Disponível em: http://dx.doi.org/10.1037/h0022100. Acesso em: fev. 2021.

3. MAXWELL, J. C. *17 princípios do trabalho em equipe*. Rio de Janeiro: Thomas Nelson Brasil, 2012.

4. GLADWELL, Malcom. *Fora de série – Outliers*. Rio de Janeiro: Sextante, 2008.

5. AL-ATABI, Musthak. *Think like an engineer*: use systematic thinking to solve everyday challenges & unlock the inherent values in them. California: Creative Commons, 2014.

6. SHNEIDERMAN, B. *The new ABCs of research*. Achieving breakthrough collaborations. Oxford University Press, 2016.

10

Visão Sistêmica e Receita para um Bom Engenheiro

*Quando se é demasiado curioso de coisas
praticadas nos séculos passados,
é comum ficar-se ignorante das
que se praticam no presente.*
René Descartes

Introdução

Vivemos momento particular na história da humanidade. O avanço tecnológico levou à conexão sem escalas entre seres humanos e coisas. A inserção dessa tecnologia em nossas vidas promoveu o aparecimento de sistemas complexos que permeiam nossas vidas, que, para aqueles com baixa intuição tecnológica, é um martírio.

No passado, ficávamos envolvidos por sistemas elementares, de entendimentos imediatos; até o sistema político era de fácil acompanhamento.

Agora, a complexidade dos sistemas sociais, econômicos e, também, os políticos, apoiados por tecnologia avançada, exigem estudos e leitura constante para entender seus movimentos.

No mundo globalizado, os sistemas são realimentados e impactam o comércio, indústria e o cenário político.

A interconectividade desses sistemas nos surpreende, com efeitos inesperados e imprevisíveis. Fruto da interconectividade, a globalização, sem dúvida, melhorou a qualidade de vida de muita gente, mas também trouxe consequências negativas para várias outras.

A liberdade no Ocidente atingiu limites nunca antes praticados. Excluindo os vulneráveis, para os quais a humanidade ainda não encontrou uma solução adequada, podemos em nossos dias nos vestir no estilo que quisermos, viajar para qualquer lugar de nosso interesse e, na maioria dos países, assumir a opção sexual que nos identifica, sem dar satisfação a ninguém.

Ao mesmo tempo, vivemos na era em que a depressão passou a ser o grande mal a ser combatido. Temos acesso à infinidade de informações. Qualquer ser humano, do mais simples a políticos e celebridades, usa a internet e fica sujeito a contínuo escrutínio, que pode levar à crise de ansiedade enraizada no comportamento de sua rede social.

Apesar de todo o desenvolvimento na elaboração de alimentos industrializados, que os tornam cada dia mais baratos e abundantes, ainda temos uma pessoa morrendo de fome a cada dez segundos.

Mesmo comprovadas evidências do perigo que corremos, ainda não estamos, como ser humano, conscientizados o suficiente para tomar ações decisivas para reduzir o aquecimento global.

Todos gostariam de ver ruas sem pessoas morando nelas, no entanto, apesar da grande evolução, tanto do conhecimento quanto do desenvolvimento tecnológico, estamos longe de encontrar uma solução para erradicar esta tragédia que acomete milhões de pessoas em todo o mundo.

Apesar da amplitude desta tragédia, problemas desta ordem nada mais são do que erros do sistema. Ninguém pode ser pessoalmente responsabilizado por tais dificuldades, apesar de gostarmos de encontrar "bode expiatório" entre os políticos e os economistas.

Analisando sob a ótica da visão sistêmica, essas "saídas" foram simplesmente codificadas como funções do sistema a que todos nós estamos sujeitos e que, por não terem sido identificados seus efeitos no momento de sua codificação, o levaram a fornecer as "saídas" indesejadas que observamos.

O raciocínio baseado na "visão sistêmica" é um conjunto de competências que nos orienta sobre a raiz deste problema complexo. Com essa ferramenta, podemos ter sensibilidade para entender por que eles acontecem e onde podemos intervir para ajustar seu impacto de forma adequada.

Ross e Wade[1] definem raciocínio sistêmico, em tradução livre, assim:

> Raciocínio sistêmico é um conjunto de habilidades analíticas cooperativas usadas para melhorar a capacidade de identificar

e entender sistemas, prevendo seus comportamentos, e gerar modificações de modo a produzir os efeitos desejados. Estas habilidades funcionam simultâneas, tal como um sistema.

Afinal, o que é sistema?

O crescimento da mobilidade na comunicação levou o planeta a se tornar um *cluster* de sistemas interconectados, que, antes, pensava-se desconectados. Com esta conexão, problemas de toda ordem surgiram, valorizando aqueles com raciocínio sistêmico.

Em passado recente, esse tipo de raciocínio era exigido na academia, nas ciências da engenharia, dos especialistas em relações internacionais e dos "fazedores de opinião". Agora, todos precisamos ter visão clara e profundo entendimento dos sistemas de modo a facilitar a tomada de decisão em nível individual.

Ao final de cada jornada, toda grande mudança é resultado de ações cumulativas, ou falta delas, de cada um de nós. Precisamos entender nosso presente e o que o futuro pode nos reservar.

Neste momento, em que a sociedade enfrenta um dos seus maiores desafios, torna-se claro para todos que a pressão para entender sistemas complexos é maior do que nunca.

Estamos falando de sistemas, mas ainda não o definimos claramente. Temos ideia do que vem a ser um; no entanto, é conveniente defini-lo de forma genérica, para facilitar seu entendimento.

No dicionário, encontramos que sistema é: "Reunião dos elementos que, concretos ou abstratos, se interligam de modo a formar um todo organizado". Como exemplo, citamos o sistema de transporte público de passageiros, o qual é composto por ônibus, trens, metrôs e alguns outros veículos, que, em conjunto com ruas, avenidas e vias permanentes, são componentes do sistema de transporte público. A complexidade desse sistema cresce quando consideramos a gestão do transporte público, para levar em conta a integração dos diversos modais que o tornam mais eficiente.

Encontramos também no dicionário que sistema é: "Reunião dos preceitos que, convenientemente relacionados, são aplicados numa área determinada; teoria ou doutrina". Como exemplo, citamos o sistema filosófico de Descartes, que, em 1636, publicou o célebre *Discours de la méthode pour bien conduire sa raison et chercher la verité dans les sciences*, que o projetou como grande profeta de uma nova era. Descartes forjou instrumentos matemáticos, como a geometria analítica, a qual permitiu uma nova compreensão do espaço e do tempo, e, assim, fundou a física moderna. Após Descartes, o mundo passou a ser escrito em linguagem matemática.

Modo de organização ou de estruturação administrativa, política, social e econômica de um Estado também pode ser contemplado na definição de sistema, como é o caso do sistema eleitoral.

Na medicina, o sistema pode ser definido como: "Reunião dos órgãos e tecidos cujas relações de dependência desempenham função vital no organismo", como, por exemplo, o sistema respiratório.

O sistema solar exemplifica com precisão a definição de um sistema, pois sua harmonia é fruto da interação de seus elementos (os planetas) e o inter-relacionamento com outros sistemas galácticos.

Sistema também é aquilo que está ligado, de modo a fazer com que alguma coisa funcione, como são os casos dos sistemas computacionais.

Em resumo, podemos definir sistema como ação de regular interação entre grupos interdependentes de itens formando um todo unificado.

Por exemplo, "universidade" é um sistema. Os elementos desse sistema são os alunos, professores, funcionários, gestores, reitor, mas também fornecedores e competidores. Esses são alguns dos elementos do sistema denominado "universidade".

A ação, ou ausência dela, de um de seus elementos pode afetá-lo como um todo.

Esses elementos interagem e afetam um ao outro em função de seu propósito. No caso de uma universidade, o propósito pode ser reduzir a evasão, implementar novas funcionalidades, melhorar a qualidade do ensino, incentivar pesquisas em determinada área etc.

Como caracterizar um sistema

Caracterizar um sistema consiste em identificar as ações que o perturba, seja para atender seus objetivos principais ou para debilitá-lo com mau funcionamento.

Não é tarefa fácil fazer isso, pois, dependendo da complexidade, a quantidade de variáveis é grande e suas ações são conflitantes. Far-se-á necessário cuidado ao identificar o efeito de realimentações, positivas e negativas, que possam levar a situações de instabilidade.

Para adquirir um bom raciocínio sistêmico, pratique as seguintes habilidades:[1]

1. Entenda como o comportamento do sistema evolui em função das interações entre seus agentes.
2. Identifique as realimentações do sistema, considerando os padrões estabelecidos para seu comportamento.
3. Se for o caso, identifique a relação entre estoque e fluxo de produtos.
4. Identifique as razões de atrasos e seus impactos.
5. Identifique não linearidades, isto é, verifique se, ao alterar uma variável, as saídas não acompanham o mesmo crescimento.
6. Identifique e conteste os limites estabelecidos por modelos de operação.

Por fim, gaste um tempo para pensar sobre que tipo de vida você quer quando tiver 25, 35, 50, 60 anos de idade. Independentemente, se sua vida for melhor ou pior do que imaginou, tente reconhecer algumas variáveis que a afetaram em diferentes momentos e notará que foram largamente imprevisíveis.

Receita para ser bom engenheiro

Como um produto, um bom engenheiro deve preencher uma série de requisitos para atender às expectativas do consumidor. Como a engenharia é profissão competitiva, que atrai talentos, para se projetar neste cenário, o profissional deve agregar qualidades e competências, sem as quais estará descartado das grandes oportunidades.

Mas que qualidades são essas? Quais são as competências adequadas?

Já tocamos nesta temática ao longo do texto, mas não custa, neste momento, integrá-las, para que possamos orientá-lo na busca dessas duas virtudes que, realmente, fazem a diferença na grande competição que é a disputa por uma vaga qualificada no mercado de trabalho.

A World Federation of Engineering Organizations (WFEO), órgão ligado à Organização das Nações Unidas para a Educação, a Ciência e a Cultura (Unesco), é uma organização criada para o desenvolvimento da engenharia. Seu objetivo principal é lutar para que a engenharia seja a profissão que levará a humanidade a atingir os 17 Objetivos de Desenvolvimento Sustentável estabelecidos pela Organização das Nações Unidas (ONU).

Para os estudantes de engenharia, o foco principal consiste em assegurar que o egresso tenha qualidades e competências para ir ao encontro das necessidades dos empregadores, da indústria e da comunidade e, também, trabalhar em colaboração com organizações parceiras para atingir dois dos ODS: educação de qualidade (objetivo 4) e parcerias para o desenvolvimento (objetivo 17).

A qualidade da educação não é só de responsabilidade da instituição que a oferece, o estudante também é parte integrante do processo. Para tal, deve se dedicar aos estudos com determinação, para que possa produzir o quanto antes assim que formado.

O ODS número 17 retrata a necessidade de se fazer parcerias para atingir objetivos, o que mostra, claramente, que a época do engenheiro que trabalha isolado é coisa do passado.

Quanto às qualidades, a WFEO sugere:

1. Conhecimento da profissão.
2. Análise de problemas.
3. Projeto e desenvolvimento de soluções.
4. Domínio da pesquisa.
5. Domínio de ferramentas.
6. Protetor a sociedade.
7. Preocupado com o ser humano, com a comunidade, com a economia e o com meio ambiente.
8. Comportamento ético.
9. Trabalhar em equipe e individualmente.
10. Bom comunicador.
11. Bom gestor de projetos e de recursos financeiros.
12. Aprendizado contínuo.

Vejamos agora as características principais dessas 12 qualidades, que o profissional de engenharia deve cumprir para atender às exigências do mercado de trabalho contemporâneo. Concentre-se bem nestes próximos parágrafos, pois estas qualidades serão aquelas que os recrutadores procurarão identificar por ocasião das entrevistas.

1. Conhecimento da profissão

Demonstrar conhecimentos associados à profissão e saber aplicá-la com auxílio dos conhecimentos oriundos da matemática, das ciências naturais e dos fundamentos da engenharia para desenvolver soluções de problemas complexos.

2. Análise de problemas

Saber como traçar estratégias para analisar problemas que envolvem não só identificar, mas também formular, a partir de conhecimentos consagrados, extraídos de levantamento bibliográfico de qualidade, associados a problemas complexos de engenharia, com o detalhamento adequado para que se possa chegar a conclusões significativas, baseadas em princípios matemáticos sólidos, nas ciências naturais e nas ciências da engenharia, com visão sistêmica para o desenvolvimento sustentável.

3. Projeto e desenvolvimento de soluções

Saber projetar soluções para problemas de engenharia complexos, seja de produtos ou sistemas, contemplando componentes ou processos específicos, levando em conta a saúde pública, segurança, análise de ciclo de vida, taxas de emissões de carbono, impacto cultural, repercussões na sociedade e considerações ambientais.

4. Domínio da pesquisa

Saber conduzir pesquisas para resolver problemas e/ou sistemas complexos, suportadas na ciência consagrada, e demonstrar capacidade de pesquisar métodos, que incluam projeto de experimentos, análises e interpretação de dados e sínteses de informações para apoiar a validar suas conclusões.

5. Domínio de ferramentas

Ser capaz de criar, selecionar e aplicar técnicas apropriadas, incluindo previsões e modelagem, com uso de ferramentas computacionais e de tratamento de informações, envolvendo análise de dados avançadas por meio de engenharia moderna, com suporte destas ferramentas e com clara consciência das limitações.

6. Protetor da sociedade

Aplicar raciocínio equilibrado, mediante decisões sensatas, de modo a estabelecer padrões extraídos do contexto de saberes consolidados e da assessoria dos consultores especializados, para avaliar impactos sociais, na saúde, na segurança, nos aspectos legais, nas demandas históricas e culturais, e assumir a responsabilidade para garantir o desenvolvimento sustentável, em face de sua relevância, na prática profissional e nas soluções de problemas complexos de engenharia.

7. Preocupado com o ser humano, com a comunidade, com a economia e o com meio ambiente

Compreender e avaliar a sustentabilidade e, também, o impacto do trabalho do engenheiro profissional na solução de problemas complexos nos contextos humano, cultural, econômico, social e ambiental.

8. Comportamento ético

Praticar os princípios éticos e se comprometer com a ética profissional, que envolve produzir tecnologias éticas, informações éticas, assumindo plena responsabilidade de suas ações e com obediência cega às normas da prática da engenharia. Subjugar-se às leis e regulamentos nacionais e internacionais e compreender a necessidade da diversidade e da inclusão.

9. Trabalhar em equipe e individualmente

Ter capacidade efetiva de concentração no trabalho individual, e no trabalho em equipes com alto grau de diversidade e inclusão, e também em atividades multidisciplinares, sejam elas presenciais ou remotas.

10. Bom comunicador

Comunicar-se com eficiência, com pensamento inclusivo, sobre atividades complexas da engenharia, com seus pares e com a sociedade como um todo. Ser capaz de compreender e escrever sobre a variedade de alternativas de caminhos de forma efetiva, considerando os ditames culturais, de linguagem e discernimento sobre diferentes documentos, tais como relatórios e projetos, e fazer apresentações marcantes e, por fim, saber dar e receber instruções claras.

11. Bom gestor de projetos e de recursos financeiros

Demonstrar conhecimento e entendimento dos princípios de gestão na engenharia e na tomada de decisão econômica e aplicá-las no seu próprio trabalho. Como membro e líder de equipe, ser capaz de gerir projetos em ambientes multidisciplinares.

12. Aprendizado contínuo

Reconhecer a necessidade de estar preparado, com habilidade adequada para se engajar em:[2]

- Aprendizado contínuo e independentemente.
- Criatividade e adaptabilidade para tecnologias emergentes.
- Raciocínio crítico no contexto amplo das mudanças tecnológicas.

As qualidades aqui elencadas são importantes e garantem vantagens substanciais ao recém-formado na busca de um posto de trabalho qualificado. No entanto, só isso não basta, precisamos associá-las às competências, pois nada com qualidade é realizado sem uma competente atuação profissional.

Assim, quanto às competências, a WFEO elenca 13 das mais importantes, extraídas de entrevistas com empregadores, executivos de empresas e agentes do governo ao redor do mundo. São elas:

1. Aplicar conhecimento universal.
2. Aplicar conhecimento local.
3. Analisar problemas.
4. Projetar e desenvolver soluções.
5. Avaliador de soluções.
6. Proteção da sociedade.
7. Aspectos legais, ambientais, culturais e impactos regulatórios.
8. Ética, diversidade e inclusão.

9. Gestão de atividade da engenharia.
10. Comunicação e colaboração.
11. Desenvolvimento profissional contínuo.
12. Senso crítico.
13. Responsabilidade por suas decisões.

Vamos agora detalhá-las, para que o leitor tenha consciência plena de suas características e consiga, a partir de autocrítica, identificar aquelas nas quais se sente incompleto e possa corrigi-las, com esforço pessoal ou auxílio de formação complementar.

1. Aplicar conhecimento universal

Entender e aplicar conhecimentos avançados de princípios largamente consagrados e fundamentados nas boas práticas universais.

2. Aplicar conhecimento local

Entender e aplicar conhecimentos avançados de princípios largamente consagrados e fundamentados nas boas práticas do ambiente no qual este conhecimento será utilizado.

3. Analisar problemas

Definir, pesquisar e analisar problemas complexos, utilizando técnicas avançadas de tratamento de dados e de informações.

4. Projetar e desenvolver soluções

Projetar e/ou desenvolver soluções de problemas complexos, com assessoria de consultoria especializada.

5. Avaliador de soluções

Avaliar resultados e impactos de atividades complexas, no contexto dos impactos social, ambiental, econômico, análise de risco e recursos de toda ordem.

6. Proteção da sociedade

Vislumbrar previsões razoáveis dos efeitos de atividades, geralmente complexas, de naturezas sociais, culturais e ambientais, e também reconhecer as necessidades de resultados sustentáveis, que não deixe para trás nenhum dos Objetivos de Desenvolvimento Sustentável da ONU destinados à melhoria da qualidade de vida do meio ambiente.

7. Aspectos legais, ambientais, culturais e impactos regulatórios

Cumprir todas as medidas legais e regulatórias, assim como requisitos de proteção à saúde pública e segurança, meio ambiente e herança cultural no curso de todas as atividades.

8. Ética, diversidade e inclusão

Conduzir todas atividades com pensamento ético e inclusivo, respeitando aspectos culturais, étnicos e todo tipo de diferenças.

9. Gestão de atividade da engenharia

Ter competência para a gestão de uma ou mais atividades complexas.

10. Comunicação e colaboração

Transmitir e colaborar, utilizando diferentes recursos midiáticos, de modo claro e inclusivo, com grande variedade de pessoas no decorrer de todas as atividades.

11. Desenvolvimento profissional contínuo

Empreender atividades relacionadas às diretrizes da produção, com intensidade adequada para manter e aprofundar suas competências técnicas e aprimorar suas destrezas, para ser protagonista quando do aparecimento de tecnologias emergentes, e buscar sempre a mudança da natureza do trabalho.

12. Senso crítico

Reconhecer complexidades e avaliar alternativas à luz de requisitos conflitantes de natureza social, econômica, ambiental, cultural, mesmo com informações incompletas. Empregar, também, o bom senso no decorrer de todo o conjunto de atividade.

13. Responsabilidade por suas decisões

Ser responsável pelas decisões tomadas sobre parte ou todo o conjunto de atividades.

E o engenheiro do futuro?

Quais serão as competências a serem exigidas dos engenheiros do futuro? Com certeza, não se limitam àquelas que são requeridas em nossos dias.

O século XX praticamente não exigia competência alguma que não fosse formação sólida nos conteúdos tecnológicos. O profissional devia ter conhecimentos sólidos sobre sua especialidade, pois não havia como a empresa buscar conhecimentos em outros repositórios.

O conhecimento da empresa compreendia o conhecimento de seus colaboradores.

Poucas companhias investiam em ferramentas computacionais para solução de seus problemas, pois utilizar recursos de computadores de grande porte, denominados *mainframes*, era caríssimo e, além de tudo, praticavam prazos dilatados para fornecer ao cliente o resultado esperado. Adicionado ao fato de que literatura técnica era difícil de ser encontrada, pois dependia de livros importados em língua estrangeira e de revistas técnicas, cujas assinaturas eram dispendiosas, a empresa tinha dependência total dos engenheiros do departamento técnico.

Com isso, o profissional trabalhava individualmente, mediante ordens de serviços definidas, às quais tinha que obedecer. Ao término de sua tarefa, seja um projeto completo, como ocorria nas empresas menores, ou parte de um projeto maior, no caso das grandes empresas, o engenheiro emitia seu relatório e o submetia à chefia, a qual se responsabilizava pela integração de todos os projetos da equipe de engenharia.

Eram raros os engenheiros dessa época que falavam inglês, sabiam falar bem em público; escrever então, nem se fala. Era comum o estigma de que engenheiro não precisava saber escrever.

Nas escolas as disciplinas não tecnológicas eram conhecidas por "perfumarias" e, frequentemente, os alunos não assistiam suas aulas.

A virada de século mudou o paradigma do estereótipo do engenheiro. Assim, aquele que não tem as competências sugeridas ao longo deste livro terá dificuldade, não só para conseguir um posto de trabalho, ou comunicar-se com clareza para expor suas ideias na tentativa de vendê-las, mas também para se manter na empresa.

A próxima mudança de paradigma ocorrerá na próxima década. A década do 5G, da *machine learning* e da robotização em massa exigirá que todos engenheiros tenham formação, mínima que seja, nestas áreas.

O futuro aguarda engenheiros com competências adicionais, fruto desse desenvolvimento tecnológico. O grande avanço esperado com a chegada da tecnologia 5G, que não é apenas uma internet mais rápida, agregará ganho sensível de qualidade de vida, ao reduzir deslocamentos, qualificar as atividades de lazer e aprendizado. Com certeza, teremos, em breve, outro mundo para viver. Alguns estudiosos afirmam que *Wi-fi* e Bluetooth estão com os dias contados.

As técnicas de comunicação *on-line*, que adquiriram grande impulso durante a pandemia de 2020, terão avanços sensíveis, que podem substituir a sala de aula presencial por uma sala de aula virtual, com todas as qualidades da primeira. O impacto na educação será o mais sentido pelos jovens, tendo em vista que surgirão técnicas que possibilitarão retorno individualizado do ensino.

Assim, você que é jovem, que tem expectativa de vida superior aos 100 anos, precisará estar disposto a se reciclar com frequência, pois passará a ser exigido em algumas competências que, nesta primeira metade do século XXI, ainda não são mandatórias.

Para se ter uma ideia, preparamos uma relação de conhecimentos e habilidades emergentes (ou competências) que serão exigidos no futuro, os quais foram extraídos de documentos da WFEO. São as seguintes:

1. Engenheiro orientado à análise dados (*data analytics* e *big data*).
2. Sensibilidade para efetuar correções de rumo com rapidez.
3. Habilidade ao transferir o conhecimento adquirido.
4. Competência em TI, e não apenas saber usar pacotes comerciais.
5. Saber programar.
6. Ter familiaridade com a impressão 3D.
7. Grande proficiência digital.
8. Intimidade com plataformas de aprendizado digital.
9. Formação adicional em artes e humanidades.
10. Estar voltado a demandas multidisciplinares de caráter social, legal e econômico.
11. Ter visão abrangente de sistemas complexos na engenharia, tais como a importância da diversidade, do globalismo, da disruptividade e da escalabilidade.
12. Saber correr riscos.
13. Ser letrado em inteligência artificial, *machine learning*, automação, interface homem-máquina e interface máquina-máquina.

Como exemplo, vamos tentar identificar as habilitações necessárias para os engenheiros civis do futuro, baseadas nas tendências da tecnologia de construção e projeto na engenharia civil, que se apresentam no cenário atual.

Estima-se que 90 % do trabalho dos engenheiros civis estará integrado a códigos robustos e padrões que sustentarão a engenharia civil.

Esses códigos e padrões serão usados para construir sistemas automatizados. Os robôs assumirão boa parte da rotina de trabalho, de projeto e de tarefas, que, no passado, tomava muitos meses e esforço para serem concluídas e que, em um futuro próximo, serão processadas por sistemas computacionais do tipo *clusters*, em poucas horas.

Saber trabalhar na plataforma *Building Information Modelling* (BIM) e nas plataformas de simulação, otimização e automação serão requisitos básicos para os futuros engenheiros, à medida que essas ferramentas, além de estarem transformando a engenharia civil, serão utilizadas em muitas tarefas com pequena intervenção humana.

Atividade proposta

1. Esta atividade será realizada individualmente, a fim de que o estudante reflita sobre suas deficiências e formações adicionais que necessita cumprir para atender aos critérios da WFEO.

   A seguir, apresentamos duas tabelas com as qualidades e competências do bom engenheiro. Cada tabela tem duas colunas e, em uma delas, o leitor vai atribuir uma nota de 0 a 5, tal que:

   0: totalmente insatisfatório

   1: insatisfatório

   2: adequado

   3: bom

   4: muito bom

   5: excelente

   Analise a média das atribuições em cada caso e escreva as ações que deverão ser tomadas para que se atinja, no mínimo, a média 4. Não esqueça de incluir o tempo para cumpri-la, pois, se for excessivamente longo, pouco efetivo será o resultado.

Qualidades	Nota
Conhecimento da profissão	
Análise de problemas	
Projeto e desenvolvimento de soluções	
Domínio da pesquisa	
Domínio de ferramentas	
Protetor à sociedade	
Preocupado com o ser humano, com a comunidade, com a economia e o com meio ambiente	
Comportamento ético	
Trabalhar em equipe e individualmente	
Bom comunicador	
Bom gestor de projetos e de recursos financeiros	
Aprendizado contínuo	
Média	

Competências	Nota
Aplicar conhecimento universal	
Aplicar conhecimento local	
Analisar problemas	
Projetar e desenvolver soluções	
Avaliador de soluções	
Proteção da sociedade	
Aspectos legais, ambientais, culturais e impactos regulatórios	
Ética, diversidade e inclusão	
Gestão de atividade da engenharia	
Desenvolvimento profissional contínuo	
Comunicação e colaboração	
Senso crítico	
Responsabilidade por suas decisões	
Média	

Referências

1. ROSS, Arnold; WADE, P. A definition of systems thinking: A system approach. *Proc. Computer Science*, v. 44, p. 669-678, 2015.
2. RUTHERFORD, A. *Learn to think in systems.* ebook Kindle, 2019.

Apêndice

Desenvolvendo Competências na Comunicação Virtual

Introdução

A pandemia da Covid-19 acelerou processos de comunicação a níveis nunca imagináveis. O ensino *on-line* talvez tenha sido aquele que mais impactou a sociedade com seu aparecimento.

Até o final de 2019, o ensino *on-line*, também conhecido por Ensino a Distância (EaD), era cercado de grandes preconceitos, não só pelos estudantes, mas também pelos pais e professores.

Apesar dos investimentos de grande porte alocados no desenvolvimento do ensino *on-line* neste século, a maior parte da população era refratária a essa modalidade, ao alegar que o relacionamento pessoal é fundamental para um aprendizado eficiente.

Cursos superiores, baseados nessa modalidade de ensino, eram vistos como cursos menores e não tão valorizados pela sociedade como são os cursos presenciais.

Apesar de iniciativas exitosas na formação superior a distância, como é o caso da Universidade Virtual do Estado de São Paulo (Univesp), os profissionais egressos desses cursos ainda sofrem preconceitos nos processos seletivos, mesmo que apresentem desempenho equivalente ou superior ao de seus pares oriundos dos cursos presenciais.

A chegada da pandemia quebrou tal paradigma, pois a exigência do isolamento promoveu um grande desenvolvimento tecnológico e evolução das técnicas do ensino não presencial, que têm fomentado reflexões na comunidade acadêmica.

Fenômeno semelhante ocorreu nas empresas. A necessidade do isolamento tornou necessária a prática do trabalho em casa, antes considerado de difícil implementação e que, hoje, proliferou no mercado. Os profissionais precisaram se reciclar para o uso de tecnologias de comunicação e se disciplinar para o novo contexto da prática profissional.

Parece-nos consenso que, mesmo passada a pandemia, as atividades nas escolas e nas empresas não voltarão a ser como antes, de modo que o aprendizado adquirido no trato dessas ferramentas de comunicação será muito útil para agilizar e flexibilizar as tarefas, além de racionalizar outras, como a redução da mobilidade.

A tendência que se apresenta, sobretudo na educação superior, é a consolidação do ensino híbrido, muito adequado à pratica das metodologias ativas, como a "sala de aula invertida". No trabalho, as reuniões burocráticas mudarão bastante de formato, ganhando grande espaço na agenda dos engenheiros.

Portanto, não há dúvida da importância em se dominar a competência de liderar uma reunião ou fazer uma apresentação para um grande público de forma virtual.

A Figura 1 retrata bem o futuro da sala de aula, e este apêndice oferece o momento certo para a prática dessa competência.

Figura 1 O futuro da sala de aula.
fizkes | iStockphoto

Atividade

Para a realização desta atividade, cada grupo de três alunos deverá produzir uma mesa redonda virtual com as seguintes características:

- A temática deve ser escolhida no elenco de 10 temas apresentados a seguir. Esses temas estão na pauta da educação em engenharia baseada em competência.
- O grupo deverá nomear dois expositores e um moderador.
- O moderador formará a mesa, iniciando a sessão com uma introdução ao tema a ser discutido e apresentar os expositores, citando suas origens a partir de um breve currículo.
- Cada expositor fará uma apresentação de 15 minutos para mostrar sua opinião sobre o tema, utilizando os recursos que achar conveniente. Sugere-se compartilhar algumas imagens ou vídeos curtos para ilustrar a apresentação.
- Ao final das duas apresentações, o moderador fará um resumo do que foi apresentado e abrirá a sessão para perguntas. A sessão de perguntas e respostas não deve ultrapassar 20 minutos.
- O grupo deverá conceber a arte gráfica do evento, que deverá ser composto de um *flyer* para divulgação nas redes sociais e em *sites* apropriados, incluindo um fundo de tela personalizado.
- O evento deve ser gravado e disponibilizado em um repositório público.
- A audiência, medida em número de participantes, será o índice qualificador do trabalho, de modo que devem ser procuradas técnicas de divulgação eficientes.
- Não há imposição quanto à plataforma.

Tema 1 – O novo contexto da engenharia

O início da década de 1990 foi marcado pela reação das empresas ao perfil dos engenheiros formados pelas escolas de engenharia. Esse movimento nasceu nos Estados Unidos e, em pouco tempo, se alastrou pelo mundo, exigindo profunda reflexão de nossas universidades sobre o que passou a ser conhecido como o "Novo Contexto da Educação em Engenharia do Século XXI".

Como consequência desse movimento, as entidades mais representativas da educação em engenharia, em parceria com grandes empresas e entidades públicas, identificaram aqueles que seriam os novos atributos do engenheiro neste século.

Entre eles, foram identificados:

- Boa formação nos fundamentos da ciência da engenharia.
- Tecnologia da informação.
- Boa formação em projetos e processos de manufatura.
- Entendimento básico do contexto no qual a engenharia é praticada, necessidades dos clientes e da sociedade.
- Habilidade de comunicação escrita, oral, gráfica e comunicação em língua estrangeira.
- Padrões éticos elevados.
- Senso crítico e criativo, com independência e cooperação.
- Adaptar-se às fortes mudanças, com agilidade e autoconfiança.
- Consciente da importância do trabalho em equipe.
- Curiosidade e desejo de aprender a vida toda.

É nesse contexto que a importância da educação continuada se enquadra. A formação universitária não atende mais as necessidades da sociedade. Um profissional que quer se destacar precisa estar permanentemente ligado à academia e informado em *real time* sobre os avanços em sua área. Só assim conseguirá superar os grandes desafios que o novo contexto da engenharia apresenta.

Tema 2 – Inovação na educação em engenharia: visão de futuro da formação de engenheiros

No final dos anos 1990, a Boeing,[1] preocupada com a perda da competividade dos Estados Unidos, empreendeu uma grande pesquisa educacional, para identificar as razões desta dificuldade. Dentre outras, a principal foi a formação dos engenheiros, cujos egressos não atendiam às exigências do mercado.

Para a companhia, o mercado atual está exigindo competências que os engenheiros não aprendem na escola em razão da evolução da tecnologia e da própria sociedade, que, atualmente, trabalha com padrões bem mais fluidos do que no passado, quando a rigidez era o padrão exigido de uma empresa.

O relatório produzido causou grande impacto nas escolas norte-americanas e se propagou pelo mundo, promovendo uma revolução na educação em engenharia na Europa e, sobretudo, na Ásia, regiões que precisavam se ajustar ao novo padrão de produção para garantir seu espaço no cenário mundial.

Por razões de conservadorismo ou ideológicas, a América Latina (nosso país, em particular) se eximiu da busca de uma nova ordem na educação em engenharia, mantendo sua inarredável filosofia conteudista, supondo ser esta a única alternativa possível para formar um bom engenheiro.

Assim, a visão de futuro da formação do engenheiro, extraída deste estudo da Boeing, ainda é atual e praticada no mundo desenvolvido. Adotar esses parâmetros como ponto de partida para uma tomada de posição neste novo cenário parecer ser prudente. Inserir algumas ações de natureza local enriquecerá a proposta. Dessa forma, propõe-se que a formação do futuro engenheiro contemple as seguintes habilidades:

- Formação em ciências básicas: matemática, física, ciências da vida e tecnologia da informação.
- Formação em projeto, manufatura e processos.
- Entendimento do contexto no qual a engenharia se insere: economia (incluindo negociação), história, meio ambiente e necessidades do cliente e da sociedade.
- Habilidade em comunicações: escrita, oral, gráfica e saber ouvir com atenção.
- Elevado padrão ético.

- Independência e criatividade: praticar de forma independente e cooperativa habilidades de raciocínio crítico e criativo.
- Flexibilidade: adaptar-se rapidamente a mudanças e ser autoconfiante.
- Educação continuada: curiosidade e desejo para o aprendizado contínuo.
- Trabalho cooperativo: profundo entendimento do trabalho em equipe.

No contexto local, agregaríamos:

- Aprendizado ativo.
- Aprender com a experiência do outro.
- Formação em inovação e empreendedorismo, desde o primeiro dia de aula.

Tema 3 – Inovação na educação em engenharia: fatores limitantes em relação ao projeto de formação

O ensino da engenharia nos países desenvolvidos deixou de ser centrado no professor para ser centrado no aluno. Nessa filosofia de trabalho, o estudante deixa de ser um ator passivo no processo de aprendizagem para se tornar protagonista na busca do conhecimento.

O papel do professor mudará substancialmente, pois permanecerá como o centro do conhecimento, mas também como um tutor/orientador que mostrará ao estudante o caminho a seguir na busca do conhecimento.

As aulas expositivas estão com seus dias contados. A tecnologia da informação e comunicação possibilitará, em pouco tempo, tornar a telepresença corriqueira em nossas vidas, de modo que ver e ouvir um professor não será mais necessário estar em sala de aula.

As ferramentas computacionais – algumas já existentes – possibilitarão o retorno do ensino individual como era no passado remoto, pois o professor, com a desoneração da transmissão do conhecimento, irá se dedicar integralmente ao estudante com dificuldades.

O conceito de disciplina também será questionado. Em razão da facilidade de avaliação contínua – conteúdo por conteúdo – que as técnicas de ensino *on-line* permitem, o processo de evolução no curso será mais eficiente e atraente e reduzirá a números marginais a evasão nos cursos de engenharia.

Essa mudança de paradigma ocasiona fortes reações do corpo docente, pois exigirá uma mudança de postura, que acarretará não só um volume razoável de trabalho, mas também formação adicional, que muitos não estão dispostos a enfrentar.

Técnicas modernas de aprendizagem ativa, de grande sucesso no exterior, ainda não estão difundidas em nosso País. São poucas as iniciativas nesta direção, até por que grande parte das instituições de ensino não está preparada para abrigar esse tipo de metodologia, a qual exige suporte tecnológico, sobretudo de TI, para uma gestão eficiente do processo de absorção do conhecimento.

Os estudantes também passarão por um processo de adaptação, tendo em vista que estão disciplinados a ser meros hospedeiros de conhecimento transmitido pelo professor. A passividade inibe o senso crítico, de modo que são raras as perguntas em sala de aula, afetando também a criatividade, pois o medo de errar é o grande vilão da inovação. Nossos estudantes não estão treinados para buscar o conhecimento de forma eficiente e orientada, na qual inovação e criatividade afloram.

Entendemos, no entanto, que esse é um caminho sem volta e todos devem se preparar para que, em um futuro próximo, consigam abrigar a aprendizagem ativa no ambiente acadêmico.

Tema 4 – O equilíbrio prática × teoria nas escolas de engenharia[2]

O equilíbrio entre o conteúdo prático e teórico nas engenharias é temática pouco discutida no ambiente acadêmico. A razão é evidente: os cursos de engenharia atuais são cientificamente centrados no professor, que busca a excelência acadêmica tal como um deus, que deseja formar seu estudante à sua seme-lhança, na esperança de encontrar alguém que possa sucedê-lo e produzir trabalho de qualidade em suas pesquisas.

É comum ouvir de colegas acadêmicos a frase "perdi aquele talento para o mercado", como se isso fosse uma tragédia, e a carreira acadêmica, a opção natural para o talento. Essa postu-ra, muito comum na universidade pública, mostra claramente que o professor-pesquisador tem como objetivo formar nosso estudante para ingressar na carreira acadêmica e não no mer-cado.

Na escola privada, por sua vez, a dificuldade de mudanças é ainda maior. O professor horista, para sobreviver, precisa ministrar um volume razoável de aulas por semana que o im-pede de se atualizar. As novidades que aparecem sempre são julgadas como aumento de trabalho, que ele não pode assumir e, por essa razão, acreditamos que a aula teórica é conveniente para ele, principalmente se já a ministra há anos. Esse modelo confere mais importância ao lado teórico das engenharias, em detrimento do lado prático da profissão.

Agrava-se ainda o elevado custo de manutenção e de atu-alização dos laboratórios didáticos. Atualmente, a atualização laboratorial para contemplar os avanços da Indústria 4.0 apre-senta custo elevado e exige treinamento especializado.

Voltando à questão do equilíbrio entre teoria e prática, va-mos recorrer ao Gráfico 1, que ilustra como esse equilíbrio evoluiu com o tempo.

Desde o início dos tempos até a década de 1950, a engenharia era essencialmente prática e considerada uma arte, com arte-sãos evoluídos que não trabalhavam apenas com o sentimento emocional, mas também com o sentimento criativo e elevado senso de equilíbrio. Nós, engenheiros, fizemos pontes, estradas e aquedutos antes do surgimento das grandes descobertas de Galileu, Newton e outros grandes nomes.

Imagens de cursos de engenharia do início do século XX mostram estudantes em oficinas, manipulando equipamen-tos, dirigindo tratores e outros veículos para realizar uma

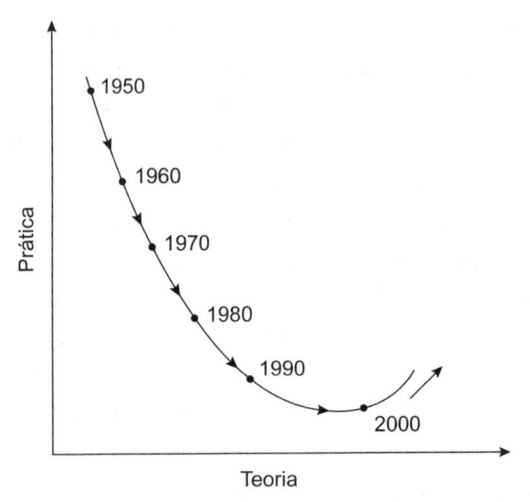

Gráfico 1 Equilíbrio teoria × prática na engenharia no Brasil.
Fonte: elaborado pelos autores.

tarefa. Raramente, são retratados em sala de aula ouvindo passivamente um professor.

Na década de 1960, começaram a retornar ao País os primeiros engenheiros que concluíram cursos de pós-graduação no exterior. Voltaram com o título de PhD e foram imediatamente absorvidos pela academia. Esses doutores foram os responsáveis por introduzir o conceito da ciência da engenharia em nossos cursos, por meio da concepção de cursos com elevado conteúdo matemático, impactando a redução do conteúdo prático do passado.

As décadas de 1960 e 1970 foram muito ricas para a engenharia, pois conviviam no mesmo ambiente jovens doutores, com ideias completamente novas, e professores mais velhos, para os quais a prática era a "cereja do bolo" da engenharia. Vários professores da área também atuavam no mercado de trabalho, pois, além de o regime de tempo integral nas universidades não ser competitivo em relação aos salários da iniciativa privada, traziam para a academia a prática do dia a dia da engenharia.

Um contingente ainda maior de doutores retornou ao País na década de 1970, mesclando-se com os primeiros doutores titulados no Brasil, com o surgimento da Coordenação de Aperfeiçoamento de Pessoal de Nível Superior (Capes), no final da década de 1960. Esses doutores formados em nosso País possuíam a mesma filosofia dos PhD, pois eram por eles orientados. Em virtude dessa filosofia, começou a proliferar na universidade pública o professor/pesquisador em tempo integral, sem experiência profissional, ministrando conteúdos essencialmente teóricos e deixando para seus alunos encontrarem a razão de estarem estudando aquilo por si próprios.

As primeiras dificuldades começaram na década de 1980, quando uma crise econômica sem precedentes se instalou em nosso País. A engenharia passou a ser a profissão dos desempregados, e os poucos que conseguiram se manter no mercado não conseguiam desenvolver produtos e processos capazes de gerar riqueza para nos tirar do atoleiro.

Ficou muito claro, naquela época, que nossa engenharia não tinha condições de encarar os desafios a ela apresentados, diferentemente dos países desenvolvidos, nos quais, quando em crise econômica, a engenharia era o agente principal de recuperação econômica. Tornou-se evidente que nossos estudantes estavam sendo formados para serem operacionais, e não líderes do processo produtivo.

No final da década de 1980, com as primeiras manifestações de descontentamento por parte do mercado com a mão de obra qualificada dos engenheiros, algumas associações de classe começaram a se movimentar. A proposta dos cursos em "ciências da engenharia" entrou em declínio.

A ação de maior impacto na educação em engenharia ocorreu em meados da década de 1990, quando os Estados Unidos lançaram, por meio de um projeto educacional liderado pela Boeing, a grande tarefa de identificar o porquê de o país estar perdendo a competitividade tecnológica para países do Oriente, como China e Japão. Esse projeto deu origem ao chamado Relatório Boeing.[3]

O diagnóstico foi cirúrgico: os cursos de engenharia não estavam ensinando o que o mercado precisava. Uma série de atributos não lecionados nas escolas estava fazendo a diferença no desempenho do engenheiro norte-americano em relação a seus pares de outros países desenvolvidos.

Em resposta a esse cenário, com a chegada do século XXI, a prática voltou a assumir o protagonismo nos cursos de engenharia nos Estados Unidos, mas de uma forma diferente daquela adotada em nossas disciplinas de laboratório, nas quais o estudante segue um roteiro preestabelecido rígido, em que o professor imagina que os conceitos expostos em aula teórica são consolidados. Alguns educadores afirmam que, com esta postura, adestramos o estudante e inibimos sua criatividade. A prática moderna das escolas de engenharia deve ser criativa, integrada em um ambiente no qual teoria e atividade prática sejam simultâneas. O roteiro rígido está superado e a livre iniciativa deve ser valorizada.

Iniciativas espontâneas do aluno, ou de grupo de alunos, devem ser motivadas e devidamente creditadas, sobretudo aquelas de natureza social, em que pensar no próximo consolide a grande virtude da profissão.

Uma iniciativa inovadora disruptiva é praticada no Instituto Mauá de Tecnologia (IMT). Seus laboratórios são ambientes integradores e não dedicados a disciplinas. Um ambiente de aprendizagem prática originado da Engenharia de Alimentos é utilizado como ambiente de atividade prática para os estudantes da automação. Um ambiente de atividade prática da Engenharia Mecânica é utilizado como ambiente de atividade pelos estudantes de máquinas e acionamentos. Outro exemplo é o da Faculdade de Engenharia de Sorocaba, que, com sua fábrica de projetos, segue proposta similar de integração laboratorial na introdução à atividade prática.

Esse formato elimina a estrutura rígida de "pôr a mão na massa" com roteiro definido. Deixamos de "adestrar" nosso estudante para exigir dele criatividade e flexibilidade no enfrentamento dos problemas interdisciplinares.

Tema 5 – Atributos do novo engenheiro*

O Relatório Boeing[3] destaca que, além de conhecer os fundamentos da Ciência da Engenharia, constituinte do núcleo duro de sua formação, o engenheiro precisa de conhecimentos básicos de projeto e processos de manufatura.

São poucas as instituições em que o projeto se destaca na formação do engenheiro. Rick Muller, que se tornou ícone da engenharia mundial ao conceber o Olin College, cita que a grande diferença de seus cursos de engenharia em relação ao que é praticado no resto do mundo é que seus estudantes, ao longo de sua formação, fazem algo em torno de 20 projetos, com todos os requisitos exigidos, enquanto nas outras escolas norte-americanas esse número não passa de dois.

Outro atributo exigido pelo mercado são conhecimentos básicos do contexto no qual a engenharia é praticada, entre os quais: economia, negociação, aspectos históricos que levaram ao desenvolvimento, impactos ambientais e necessidades do consumidor e da sociedade.

A capacidade de comunicação se destaca entre os atributos do engenheiro do século XXI. Embora a comunicação tenha sido uma das competências mais relevantes de qualquer profissional, essa habilidade não era exigida do engenheiro do século XX, o qual era formado com conteúdo essencialmente tecnológico. As disciplinas ligadas às competências emocionais, então chamadas pejorativamente de "perfumarias", eram mínimas e recebiam pouca importância.

O engenheiro era formado para projetar, e o projeto exigia atividade de alta concentração, de modo que, frequentemente, o engenheiro trabalhava isolado, comunicando-se com o restante da empresa apenas no encerramento do projeto. Essa comunicação se dava em uma só via, pois raramente se contestavam as decisões tecnológicas tomadas pelo especialista.

---

*Adaptado do texto de José Roberto Cardoso, publicado originalmente no livro *Engenheiros para Quê?*

Hoje, o cenário é outro. A "engenharia simultânea" do final do século XX introduziu na equipe de projeto todos os profissionais que, de uma forma ou de outra, serão os responsáveis pela produção, comercialização e pós-venda do produto.

Começou nessa época a era digital aplicada à produção, abrangendo ferramentas como *computer numerical control* (CNC), o *computer-aided design* ou *computer-aided manufacturing* (CAD/CAM), e as redes de computadores primárias.

Todos esses fatores compuseram a gênese daquilo que, hoje, denominamos Indústria 4.0, o que incorreu no aumento da equipe de projeto e passou a exigir postura diferente dos engenheiros, pois, agora, as decisões tecnológicas deveriam ser justificadas e não apenas apresentadas à equipe de produção.

A virada do século, portanto, pode ser considerada um marco na profissão, pois a partir de então o engenheiro precisou aprender a "falar", a fazer uma apresentação atrativa, a se "comunicar" não só na forma escrita, mas também na forma oral e gráfica, e a praticar o mais difícil atributo para o engenheiro do passado – "ouvir".

Acreditamos não estar errando ao afirmar que a engenharia foi a profissão mais afetada pela prática equivocada de que tudo pode ser feito independentemente dos meios.

O engenheiro passou a ser desacreditado em suas decisões, em razão da desconfiança gerada pela infinidade de contratos contaminados por jogos de influência, corrupção, incapacidade de reação aos desmandos e outros adjetivos. A ilegalidade e o ganho a qualquer custo passaram a ser a palavra de ordem nas empresas.

O século XXI veio para quebrar esse paradigma. Os escândalos envolvendo as engenharias passou a exigir padrões de comportamento sofisticados, configurados por elevadas técnicas de *compliance*, que resgataram a engenharia de qualidade. Hoje, a palavra de ordem na engenharia é o elevado padrão ético de suas ações.

Não se admite mais um engenheiro aceitar passivamente decisões que não se coadunam com a prática correta da engenharia. O engenheiro agora tem o poder da contestação e, para tal, deve ter o atributo de pensar crítica e criativamente de forma independente, porém cooperativa. Sua voz agora é ouvida, sem a pressão hierárquica, e o contraditório passou a fazer parte do dia a dia da profissão.

A globalização gerou fusões nunca imagináveis, mas também fez desaparecer organizações poderosas e mudou o cenário da empregabilidade.

O desejo de um estudante de Engenharia Mecânica é ver uma chamada de emprego para engenheiro mecânico, o de Engenharia Elétrica de ver uma chamada para engenheiro eletricista e assim por diante. Isso não acontece mais, como já discutido neste livro.

O atributo mais poderoso do engenheiro do século XXI é aquilo que se chama "flexibilidade". Flexibilidade não só para trabalhar em qualquer parte do país ou do mundo, mas também para encarar desafios oriundos de profissões diversas daquela para a qual foi formado, assim como para não se recusar a integrar equipes de desenvolvimento de produtos e processos por mais complexos que pareçam.

A curiosidade, o desejo de sempre aprender e o profundo entendimento da importância do trabalho em equipe compõem esse atributo. A maior parte deles não é ensinada nas escolas de engenharia, mas deve integrar o plano estratégico de vida de qualquer profissional que abraçou esta profissão, que é a maior responsável pelo aumento da qualidade de vida do ser humano.

Tema 6 – Os desafios para o novo cenário

Mangabeira Unger, cientista social de visibilidade internacional, afirmou recentemente na imprensa aberta que:

> Os problemas reais do país exigem inovação estrutural. A economia do conhecimento, por exemplo, depende da educação. No paradigma produtivo anterior, o da industrialização, a educação necessária era mínima. Bastava o trabalhador ter disposição para obedecer, destreza manual e capacidade de entender instruções. Para a economia de conhecimento é preciso

outro tipo de qualificação. Tem que ser uma educação analítica. Oposta à que temos no Brasil, baseada no enciclopedismo raso e dogmático. Continuamos a tentar transformar o jovem brasileiro em uma criança francesa do século XIX.

Sua afirmação se aplica muito bem à formação em engenharia que oferecemos a nossos estudantes. A diáspora conteudista continua forte e presente. No ambiente acadêmico das engenharias, falar em reduzir conteúdo técnico para agregar competências socioemocionais é motivo de extensas discussões e, muitas vezes, de ridicularização.

Não se admite quebrar esta cristaleira do século XIX para substituí-la por um modelo que permita maior integração da ciência e tecnologia e a sociedade, com a devida responsabilidade e os impactos associados.

O papel da academia, a nosso ver, é moldar o futuro a partir de pesquisas e preparar os estudantes para os novos desafios. No entanto, no cenário fluido e nebuloso da Indústria 4.0, é difícil identificar que futuro é este. Esta é a origem das dificuldades de mudanças nas escolas de engenharia.

A parcela antenada com as evoluções em curso não consegue convencer seus pares com propostas únicas e precisas em face do grande número de alternativas que se abrem. Mudanças tecnológicas associadas à automação e inteligência artificial transformarão completamente o cenário da empregabilidade de uma forma que ainda não está definida.

Há hipóteses até da extinção do emprego formal como conhecemos. Será que nossas universidades estão preparadas para acompanhar tal movimento na devida velocidade?

Como alerta ao nosso País: um relatório britânico de 2018, produzido pela organização Universities UK, estima que 65 % das crianças das escolas primárias britânicas trabalharão em atividades e funções que não existem atualmente.

Essa pesquisa, que explora "os aumentos da velocidade de mudanças e da complexidade do trabalho", alerta o Reino Unido para o fato de que não estão sendo formados os trabalhadores que serão necessários para as atividades previstas. O documento menciona que, até 2030, haverá um déficit de 600 mil a 1,2 milhão de trabalhadores apenas nos setores de finanças e negócios, tecnologia, mídia e telecomunicações.

Evidentemente, não somos o Reino Unido e, portanto, não estamos sujeitos às mesmas condições. No entanto, mesmo com as mais severas simplificações, é impossível deixar de imaginar algo diferente em um cenário temporal mais elástico.

Essa preocupação deverá estar presente entre nós, se quisermos ser protagonistas neste século e não meros consumidores de produtos acabados que chegam ao nosso país plastificados. A educação tecnológica, mais precisamente a engenharia, deverá ser a força motriz para esse movimento.

Nas escolas de engenharia devemos continuar mantendo o *status quo* do momento, que se diferencia muito pouco daquele do século passado, ou devemos ousar?

Ousar no sentido de ter cursos com trajetórias flexíveis, como aquelas em que o aluno identifica a trilha adequada ao seu perfil; ou de adotar o modelo do agrupamento por interesses, como aqueles construídos para um grupo que deseja abrir uma empresa ao sair da universidade; ou aplicar a aprendizagem ativa, como a prática da aprendizagem por pares, com ensino baseado em projetos e problemas; ou ainda incentivar professores a trabalharem em equipe, com suporte dos recursos do EaD.

As razões dessas mudanças são óbvias, pois as escolas de engenharia fazem parte do grupo de instituições que menos mudaram nos últimos cem anos.

Nos próximos dez ou 15 anos, entretanto, prevê-se que as escolas serão diferentes das que vemos hoje. Irão além das estruturas flexíveis, terão a ingerência do aluno, aplicarão modelos híbridos de aprendizagem que combinarão educação presencial com educação *on-line*.

Nas escolas de engenharia de nossos dias, a única coisa que importa é o projeto de curso, lido por poucos professores, que, no entanto, é tomado como referência quando surgem contradições. Apesar de os estudantes chegarem com histórias diferentes, conhecimentos diferentes, oferece-lhes o mesmo conteúdo. Os professores sabem disso, mas, mesmo assim, nada muda.

A tendência dominante é ver o professor atuando mais como um tutor do que um agente que repassa o conhecimento. Os recursos, hoje, disponíveis nos fazem sonhar com o retorno do ensino personalizado. Este é o momento para a aplicação da aprendizagem ativa, pois essa é a única forma de ensinar em conformidade com o tempo de cada estudante.

Vêm ocorrendo algumas mudanças no cenário da empregabilidade. Hoje, por exemplo, o título universitário não agrega mais tanta importância quanto agregava no passado. Espera-se que, em pouco tempo, seu valor seja equivalente ao valor da licença para dirigir. Sabendo dirigir e de posse de uma carteira de motorista, ninguém perguntará onde você a conseguiu, pois será competência básica de interesse do empregador. O diploma vai "acreditar" seu conhecimento e nada mais.

Evidentemente, a obtenção de títulos universitários nas grandes universidades de classe mundial continuarão a ter seu charme e a abrir muitas portas, mas são destinados a uma pequena parcela da população de profissionais. Para os demais, a virtude de gostar de aprender sempre será o grande diferencial.

A importância do título continuará sendo relevante para se obter emprego em países como o nosso, em função da defasagem natural de desenvolvimento. No entanto, devemos observar como se comporta a tendência mundial, principalmente as grandes empresas inovadoras. Google, Facebook e outras importantes do Vale do Silício não se importam mais se o profissional é detentor ou não de um título. O que importa é o valor que ele agregará à companhia, resultando daí a necessidade da aprendizagem continuada.

Ações oriundas da estrutura administrativa, regulamentações e preconceitos impõem barreiras entre a universidade e a empresa. Isso não pode continuar, a conexão tem que ser mais próxima. Precisamos estabelecer alianças entre esses mundos.

No Brasil, o ensino médio, sobretudo o do setor privado, vem praticando há tempos uma nova forma de educação. Ele tem sido mais permeável que a universidade, fruto da pressão dos pais em um momento em que a educação de seu rebento é prioridade da família.

Entretanto, ao vê-lo ingressar na universidade, a pressão cessa e a universidade tem liberdade plena para fazer, ou não, as mudanças exigidas pela vida moderna.

A universidade está parada ou se move muito lentamente, mas, ao longo dos anos, as instituições foram mudando. Os hospitais mudaram, a gestão governamental também. O que leva a universidade a se arraigar tanto às práticas do passado? A pressão da pesquisa limita ao mínimo o tempo dedicado pelo professor ao ensino de graduação.

O Ministério da Educação (MEC) tem responsabilidade nesse processo, principalmente no que concerne às mudanças nos regulamentos, que, em sua maioria, foram instituídos no século XX, o século que menos mudou a universidade.

O governo deve também nos brindar com um marco jurídico mais flexível para as universidades, de modo a dar mais liberdade de atuação à instituição. No Brasil, recentemente, foi autorizada a criação de fundos patrimoniais, destinados a receber doações para universidades públicas, o que é uma prática centenária nos países desenvolvidos.

Não devemos também esquecer dos estudantes, que possuem grande capacidade de organização, a serem partícipes nesse processo de mudanças. Não há por que subestimá-los. Eles devem se organizar para exigir mudanças nessa universidade estática. Na próxima década, ou nos próximos cinco ou seis anos, a nosso ver, deverão acontecer eventos importantes nesse sentido.

Parece consenso que o modelo de educação dominante do futuro se apoiará nos modelos híbridos, que combinam as duas modalidades – presencial e à distância.

A adoção desse modelo agregará qualidade à educação em engenharia para constituir, em breve, um curso em que os alunos irão à universidade para estudar, mas não em uma sala de aula tradicional, e sim em um ambiente cooperativo de desenvolvimento intelectual, com a devida orientação do professor e o suporte de uma plataforma que disponibilizará todo o conteúdo a ser absorvido de forma independente e não sincronizada, respeitando a velocidade de cada um.

De qualquer forma, devemos seguir em frente, pois, como disse o líder chinês Den Xiaoping: "não importa a cor do gato, desde que ele cace ratos".

Tema 7 – Sem pressa de aprender

O "*Slow Movement*" lentamente chegou na Educação e tudo leva a crer que promoverá grandes mudanças de comportamento nos professores e alunos e, espero, nos dirigentes educacionais.

Para quem não sabe, a origem do "*Slow Movement*" é creditada ao ativista italiano Carlo Petrini, que, há mais de duas décadas, criou o movimento "*Slow Food*", em Bra, no Piemonte, Itália.

A proposta da "*Slow Food,*" hoje, com repercussões no mundo todo, teve sensível impacto em nossos dias, pois proporcionou uma reflexão que culminou em uma mudança na cultura alimentar e abriu perspectivas de uma modificação dos hábitos alimentares, contrapondo-se à preponderância da *fast food*.

Os príncipios de um alimento "bom, limpo e justo", levam, atualmente, a um novo paradigma nutricional, com implicações políticas e macroeconômicas, visando à preservação dos alimentos tradicionais e a sustentabilidade ambiental.

Esse movimento, além de estar presente na alimentação, teve seus princípios abraçados por diversas atividades do nosso cotidiano. Os primeiros a incorporar a tendência foram a arquitetura, a medicina, o sexo, o trabalho, o lazer, a educação e o cuidado das crianças. No *site* https://www.slowmedicine. com.br/ é possível observar que os reflexos dessa linha de pensamento já afetam a postura de profissionais respeitados em nosso País.

A academia era o último reduto que resistia à sua adoção, pois a cultura do "publique ou pereça" se contrapõe diretamente às características desse movimento, que é único no equilíbrio de requisitos filosóficos, políticos e pragmáticos.

Suas bases na educação superior são agora lançadas no excelente livro *The slow professor: challenging the culture of speed in the academy*, escrito pelas pesquisadoras Maggie Berg e Barbara Seeber.

Maggie, nascida em Portsmouth, Inglaterra, é professora de inglês na Queen's University, Kingston, e Barbara, nascida em Inssbruck, Áustria, também é professora de inglês na Brock University, Ontario.

Segundo elas, o livro advoga a flexibilização do controle do tempo, de modo a dispor de mais tempo para pensar e refletir e, também, para conceder mais tempo a seus estudantes, para que eles possam fazer o mesmo. Afirmam também que tempo para refletir, sem hora para terminar, não é luxo, mas crucial para o que fazemos.

A desvantagem da flexibilidade de horas na academia pode se traduzir em trabalho permanente ou corremos o risco de tratá-lo como tal, sobretudo porque o trabalho acadêmico, por sua natureza, nunca se encerra.

A leitura de *The slow professor* nos deixa aliviados – pelo menos foi esta a sensação que tive – do sentimento de culpa que muitas vezes nos acomete quando, por razões diversas, não conseguimos acompanhar o ritmo de trabalho de nossos pares, que se ocupam por mais de 18 horas diárias nas mais diversas atividades acadêmicas, escrevendo um *paper* por semana e participando de inúmeros eventos científicos em sua área.

Embora pensar esteja inevitavelmente imerso no contexto da academia, esta tende a desprezar as dimensões emocionais e afetivas do ensino e aprendizagem e as vantagens do pensamento em grupo.

Tais requisitos são intrínsecos ao movimento *Slow Professor*, pois este entende que os alunos são diferentes entre si, exigindo tempos diferentes de aprendizado, de modo que os tratar de forma padronizada, como estivessem em uma linha de montagem, com o objetivo de aproveitar melhor o tempo dedicado a eles, além de cruel, é totalmente ineficaz.

O movimento *Slow Professor* toca na questão do gerenciamento do tempo do professor, pois julga que ele deve ter direito à saúde, à vida privada, à vida familiar e, evidentemente, dispor de tempo livre para seus projetos pessoais.

A academia, no entanto, celebra a cultura do excesso de trabalho, e quem não a cultua pode sofrer um processo de discriminação e segregação. De qualquer forma, é imperativo questionar o valor intrínseco de estar permanentemente ocupado.

Precisamos de tempo para pensar, de tempo para digerir, de tempo para questionarmos uns aos outros e deixarmos de ser especialistas em gerar atividades adicionais ao professor.

É patente que o maior obstáculo para se ter uma ideia original é o estresse de ter muita coisa a fazer e que trabalhar muitas horas é, com frequência, ineficiente. As pessoas quando estressadas são menos produtivas.

Todos sabemos o potencial de criatividade de uma criança. A cada dia ela faz coisas novas, sem exigências de hora para terminar, sem medo de errar, e essa evolução é motivo de orgulho para seus pais. O que leva este ser, ao chegar à adolescência, perder toda sua criatividade?

Sem dúvida, o ambiente estressado da universidade é o fator preponderante, e a falta de tempo do professor é sua razão de ser.

Assim, *Slow Professor* já!!!

Tema 8 – Enfim, uma nova engenharia

Publicações sobre educação superior têm proliferado nesta década. Uma nova ordem parece estar chegando. São inúmeras experiências, não só na formatação de programas, como os bacharelados interdisciplinares em curso nas universidades federais brasileiras, mas também em agrupamentos de escolas superiores, que geraram grandes universidades para serem "vistas" pelos *rankings*, como ocorre na França.

A China é um caso particular. O repatriamento de professores e pesquisadores chineses do Ocidente, aliado a um investimento em pesquisa sem precedentes, colocou o ensino superior daquele país em posição privilegiada no mundo acadêmico.

A Índia, a Malásia e parte do mundo árabe seguiram o mesmo caminho, ao dar prioridade ao ensino superior contemporâneo, no qual vários dogmas e paradigmas do passado foram quebrados.

As mudanças nas engenharias foram as mais audaciosas. Um mundo novo se apresenta. A busca de um modelo que alie boa formação técnica, com a cultura da inovação e do empreendedorismo, que vem exigindo novas habilidades do engenheiro, tem sido o grande desafio desta década.

Uma visão privilegiada desse movimento é apresentado por David Goldberg e Mark Sommerville no livro *A whole new engineer*, lançado recentemente.

Os autores são pesquisadores dedicados à nova linha de pesquisa, denominada Educação em Engenharia, e participaram de experiências emblemáticas, não só na concepção de uma nova escola, diferente de todos os padrões atuais, como a Olin College, mas também em transformações radicais de estruturas curriculares dos cursos de engenharia de escolas tradicionais, como os da University of Illinois, nos Estados Unidos.

Goldberg e Sommerville destacam cinco pontos que devem ser contemplados na nova engenharia, úteis tanto para os estudantes desta área quanto para engenheiros já formados na doutrina vigente do século passado:

1. Como o prazer, a confiança, a franqueza e a conectividade praticadas nos cursos de engenharia são as chaves para liberar a coragem nos jovens engenheiros em criar, sem medo de errar.

2. O que os engenheiros formados, com o foco restrito na técnica e na ideia fixa, precisam fazer para se adaptar às doutrinas básicas da engenharia atual: o pensamento analítico; o desenvolvimento do projeto; o relacionamento

humano; a linguística; a linguagem corporal; e a consciência da importância de seu trabalho para a humanidade.

3. Como a emoção e a cultura são elementos cruciais para esta mudança, que não envolve apenas o conteúdo, a grade horária e a pedagogia.

4. Como tecnologias atuais confiáveis, bem estabelecidas e de fácil aplicação promovem mudanças acadêmicas rápidas e eficazes.

5. Como a união de todos os envolvidos no processo podem juntos participar desse movimento de inovação para acelerar a quebra do *status quo* presente.

O livro proporciona ao leitor uma visão sistêmica da revolução irreversível que está chegando à engenharia. Ele é enriquecido com histórias de engajamento, que mostram a profundidade e eficácia destas mudanças e seu alinhamento com as exigências de criatividade deste século.

Tema 9 – Novas Diretrizes das Engenharias: desafios e perspectivas

A evolução tecnológica promoveu mudanças emblemáticas, que quebraram a rigidez cristalizada do sistema presente no século XX para a fluidez e insegurança deste século. Esta transição afetou a educação em engenharia em todo o mundo e alguns reflexos já surgiram em nosso País.

Em recente encontro em Fontainebleau, na França, o Global Engineering Deans Council (GEDC), que congrega dirigentes de escolas de engenharia, recebeu empresários de grandes empresas globais para, em conjunto, encontrarem respostas a questões que estão na pauta dos grandes desafios da educação em engenharia nas próximas décadas.

A primeira delas, *"Como garantir que o estudante de engenharia adquiriu as ferramentas necessárias que o habilite a buscar sozinho o conhecimento ao longo de sua carreira?"*, destaca a importância da competência de gostar de aprender, de manter-se atualizado e não se acomodar com o conhecimento volátil do momento.

A segunda está baseada no fato de que tecnologias emergentes formam espaços vazios de conhecimento que nos leva a questionar *"Quão rápido o sistema educacional das engenharias deve reagir para prover as habilidades técnicas para preencher estes espaços?"*. Essa pergunta, apesar de estar presente em nossas preocupações há décadas, torna-se mais relevante atualmente, pois parcela substancial da tecnologia é produzida sem a participação das universidades a uma velocidade sem precedentes.

"Como podemos avaliar, por meio de certificações globais confiáveis e amplamente exequíveis, as habilidades não técnicas que gostaríamos que os estudantes de engenharia fossem dotados?" é a terceira pergunta, que atesta a importância das denominadas *soft skills*, muitas não ensinadas nas escolas de engenharias. Essa pergunta mostra que a especialização está fadada a desaparecer, e dirigentes e empresários estimam que algo em torno de 25 % do conteúdo dos programas estará reservado a esse tipo de atividade.

A quarta questão toca na parceria universidade × empresa: *"Como as universidades e as empresas devem trabalhar juntas para suprir as habilidades profissionais de nossos estudantes?"*. Nessa questão, pode-se prever que as empresas passarão a ser partícipe na formação do estudante, não apenas como supridora das vagas de estágio profissional, mas também como produtora de conteúdo e diretrizes para a adequação da questão regional.

A pergunta *"Que ideias criativas devemos ter para aumentar as habilidades fundamentais (técnicas e profissionais) nas regiões onde os recursos são limitados?"* toca na questão da racionalização de recursos que está intimamente ligada ao uso intensivo da tecnologia da informação e comunicação, na qual a presença do ensino *on-line* ocupará espaço importante em futuro próximo, mesmo nos cursos presenciais.

Por fim, a pergunta que deixamos para sua reflexão: *"Como podemos assegurar que temos certeza de que estamos ensinando as habilidades técnicas fundamentais necessárias para o engenheiro do século XXI?"*. Tenho certeza de que cada leitor terá uma resposta diferente para a complexidade desse ponto importante da temática.

É bom saber que questões semelhantes a estas permeiam as discussões do Conselho Nacional de Educação e da Secretaria de Ensino Superior do MEC, para o estabelecimento das novas Diretrizes das Engenharias, que estão sendo concebidas, de modo que podemos esperar mudanças substanciais em futuro próximo e devemos estar preparados para recebê-las.

Tema 10 – Engenharia para a Paz

A engenharia é a profissão que causa maiores transformações em nosso planeta. Nós, engenheiros, moldamos o mundo diariamente e a tarefa nunca se encerra. Será que estamos cientes da real dimensão do impacto que causamos à humanidade?

Os engenheiros concebem, projetam (e, enquanto projetam, inovam), implementam e, finalmente, operam uma infinidade de empreendimentos.

Criamos dispositivos que agregaram qualidade de vida ao ser humano e estenderam a expectativa de vida como nenhuma outra profissão. Mas, ao fazer isso, temos a real consciência do prejuízo imposto ao planeta.

Nossas usinas hidrelétricas foram responsáveis pela extinção de boa parte da fauna e flora, enquanto o carro, antes tido como solução de nossos problemas de transporte, tornou-se um problema a ser resolvido. Estamos agora evoluindo na mobilidade elétrica e, outra vez, estamos cegos sobre o impacto desta inovação.

O cobalto e o tântalo, elementos químicos presentes no minério denominado coltan – uma mistura de dois minerais: columbita e tantalita – são abundantes na República Popular do Congo. Esses elementos são componentes essenciais das baterias de íon-lítio que alimentam dispositivos eletrônicos, como computadores, *smartphones* e carros elétricos.

Um relatório da Anistia Internacional aponta que a mineração do coltan naquele país utiliza mão obra infantil e o trabalho escravo. Como estamos falando de empresas como Apple, Google e Tesla, não há como imaginar a incapacidade deste seleto grupo de empreendedores em verificar a origem de suas matérias-primas.

Quanto ao lítio, outro elemento químico nobre, tem a Bolívia como seu maior produtor. No entanto, sua mineração é realizada em condições sub-humanas, nas quais operários extraem o minério de lítio em minas sem o uso de equipamentos de proteção individual.

De posse dessas informações, cabe a pergunta: se existisse uma métrica de ética e humanidade aplicada à produção de um *smartphone*, que nota daríamos?

Por isso, somos obrigados a perguntar se nós, engenheiros, somos agentes da felicidade ou um instrumento da escravidão?

O cenário que se apresenta neste início de década não vislumbra evolução sensível do ser humano na solução dos problemas apresentados.

A preocupação da sociedade com questões como essas é grande, e levou a *"Scientific American"*, uma das mais importantes revistas de divulgação científica do mundo, a se envolver, pela primeira vez em 175 anos de sua existência, com a política ao apresentar editorial posicionando-se, recentemente, a favor de determinado candidato a presidente dos Estados Unidos. O mesmo ocorreu com a mais respeitada revista científica de medicina, a *"New English Journal of Medicine"*, que seguiu a mesma linha, pela primeira vez em seus 208 anos.

Essas duas manifestações mostram a preocupação da ciência, e por extensão da engenharia, com a igualdade entre os seres humanos e a sustentabilidade do planeta, na certeza de que esse é o único caminho para a paz.

Em 2015, a Organização das Nações Unidas (ONU) adotou a Agenda 2030 com 17 Objetivos de Desenvolvimento Sustentável (ODS).

Para assegurarmos um futuro sustentável, os engenheiros deverão desempenhar papel essencial para que esses objetivos sejam atingidos, não só a partir do desenvolvimento, em futuro próximo, de tecnologias ambientalmente amigáveis, mas também de aplicações de soluções ambientalmente sustentáveis.

A Agenda 2030 está diretamente relacionada com a redução da pobreza e com o desenvolvimento da infraestrutura e da educação, vicejando atingir a igualdade de gênero e empoderamento das mulheres; assegurar gestão sustentável e disponibilidade de água e saneamento para todos; assegurar acesso a produtos a preços justos, que sejam confiáveis e sustentáveis; disponibilizar energia limpa; e conservar e utilizar, de forma segura, os oceanos, mares e recursos marinhos.

Praticamente todos os 17 ODS se relacionam com a ciência e a engenharia. A pergunta que todo engenheiro deve fazer com relação aos ODS é como mensurá-los, para saber se as metas estão sendo cumpridas. Que métricas deverão ser utilizadas, que função de valores deve ser atribuída a cada um deles?

Este é um papel relevante que temos a obrigação de exercer. Os engenheiros devem propor soluções inovadoras oriundas da aplicação de técnicas de inteligência artificial, *machine learning*, análise de dados.

Outro desafio que urge nas engenharias cabe na pergunta: que técnicas devemos desenvolver para a gestão da logística durante emergências? Temos exemplo claros de má gestão em situações de emergência como a que vivemos na pandemia.

Para gerenciar ações na direção de superar essas dificuldades, em 2018, dirigentes das grandes escolas de engenharia de todo mundo introduziram o movimento Engenharia para a Paz.

Liderada pelo Prof. Ramiro Jordan, da University of New Mexico, Estados Unidos e, também, presidente da International Federation of Engineering Education Societies (IFEES), definiu-se Engenharia para a Paz como a aplicação da ciência e dos princípios da engenharia para promover e patrocinar a paz.

Engenharia para a Paz vislumbra e trabalha para um mundo em que floresçam a prosperidade, sustentabilidade, igualdade social, empreendedorismo, transparência, a voz da comunidade e engajamento e a cultura.

Os engenheiros têm poder para ser protagonista no papel vital de fornecer soluções criativas, que podem transformar e melhorar, radicalmente, o bem-estar natural.

O núcleo duro da Engenharia para a Paz é o futuro sustentável de nosso planeta, o qual está apelando a seus líderes para atuarem em sincronia para essa direção.

Precisamos desenvolver soluções que abordem, de forma colaborativa, os problemas conhecidos, integrando programas de educação transdisciplinar, tecnologia, ética, empatia e política – tendo como pilar a linguagem tecnológica.

O maior ativo de uma empresa é seu capital humano, e todos devemos contribuir para o desenvolvimento de líderes para a próxima geração focados nestes objetivos.

Devemos criar um movimento, de modo que todos façam parte dele com propriedade e sentido de pertencimento.

O Brasil tem condições de ocupar posição privilegiada neste cenário da Engenharia para a Paz, sobretudo na erradicação da fome e da pobreza.

Nosso País possui uma das mais eficientes agropecuárias do planeta. Somos o maior exportador de carne e frango e aquele com maior produtividade no cultivo da soja.

Esse esforço começou em meados da década de 1970, quando ainda não se falava em mudanças climáticas ou meio ambiente sustentável. Até o início da década de 1980, o Brasil era totalmente dependente da importação de alimentos, mas esse papel foi invertido e, hoje, é um dos maiores exportadores de alimentos do mundo.

O agronegócio, impulsionado por tecnologias avançadas desenvolvidas em nossas universidades e na Empresa Brasileira de Pesquisa Agropecuária (Embrapa), com a colaboração de pesquisadores de outros países, tornou-se o principal ponto de apoio para as políticas de sustentabilidade e econômicas.

Apresentamos números fantásticos, que agregam uma contribuição extremamente significativa para a balança comercial brasileira, sendo demonstração evidente da eficiência e evolução das atividades agronômicas.

Somos um dos maiores produtores de alimento do mundo, no entanto, a fome ainda persiste em nosso País.

Norman Borlaug, Nobel da Paz em 1970, destacando a importância da extinção da fome no planeta, disse: "Não se constrói a paz com estômagos vazios". Também nossa querida Cora Coralina, homenageando aqueles que se dedicam à agropecuária: "Em qualquer parte da terra o homem estará sempre plantando, recriando a vida e recomeçando o mundo".

Parabéns aos Engenheiros da Paz, profissionais da agronomia e produtores rurais por garantirem o pão nosso de cada dia e nossa sempre e tão almejada paz.

A ciência e a engenharia brasileira têm grandes contribuições a dar a esse movimento da Engenharia para a Paz. Desde 1975, pesquisadores brasileiros estudam a aplicação do etanol como alternativa ao combustível fóssil. Tudo começou com um artigo seminal do Prof. José Goldemberg e colaboradores, em 1974, no qual os autores demonstraram o balanço energético vantajoso do etanol. Essa pesquisa levou à criação do Proálcool, que, com aprovação governamental, disparou um movimento intenso de pesquisas na área, não só para adaptar os veículos movidos a gasolina para propulsão a etanol, mas também para a melhoria da produtividade do cultivo da cana-de-açúcar e da produção do biocombustível. Isso ocorreu em uma época em que não havia pressão das mudanças climáticas. Hoje, não só os automóveis, mas até alguns aviões produzidos no país, são propelidos por etanol.

Com o desenvolvimento do carro flex, atualmente, 27 % de todos recursos energéticos do país vêm da cana-de-açúcar. O consumo desse insumo energético tem crescido a taxas elevadas, desde 1980.

Em recente entrevista, o Prof. Carlos Henrique de Brito Cruz, por ocasião de sua despedida da diretoria científica da Fundação de Amparo à Pesquisa do Estado de São Paulo (Fapesp), afirmou que: "supondo que a última gota de gasolina fosse extinta nesta noite. Amanhã cedo apenas os brasileiros conseguiriam andar em seus automóveis movidos a etanol".

Todos os automóveis brasileiros consomem etanol, mesmo aqueles cujos carros são propelidos a gasolina, pois ela é misturada ao etanol na proporção de 4 para 1.

Esta bioenergia, que constitui porção substancial de toda energia requerida pelo País, impacta não só a redução do aquecimento global, por ser renovável, mas também a saúde de todo planeta, pela redução da poluição em face da ausência dos gases tóxicos produzidos por combustível fóssil. Não existe país no mundo com uma matriz energética tão favorável à sustentabilidade.

Essa virtude da matriz energética brasileira caracteriza bem o movimento Engenharia para a Paz, que não tem fronteiras, não tem partido e não se importa com a cor da pele.

Os desafios da Engenharia para a Paz são diversos, dentre eles:

- A verdade, que é nossa *comodity* mais importante, está sendo erodida.
- A desinformação viaja seis vezes mais rápido que os fatos.
- As *fake news* proliferam, acabam com reputações em segundos e, diferentemente da mentira, não tem endereço, pois a pessoa ou instituição prejudicada não tem como exigir retratações já que os autores são desconhecidos.
- A polarização, a manipulação, a trapaça e o vício estão em ascensão.
- As pessoas estão mais depressivas, ansiosas e frágeis.
- As políticas e os sistemas de valores estão sendo desafiados.
- A guerra comercial está de volta ao cenário global.
- A distância entre o pobre e o rico continua crescendo assustadoramente.
- A transparência está ausente em vários níveis.
- O sistema judiciário vem sendo desafiado.

Precisamos, com urgência, de uma nova política e de novos tratados internacionais. Estamos, perigosamente, saindo da sociedade da informação para a sociedade da desinformação.

Referências

1. McMASTERS, J. H. Influence Engineering Education: One (Aerospace) Industry Perspective. *Int. J Engng Ed.* , v. 20, n. 3, p. 353-371, 2004.
2. Adaptado da Parte II – Capítulo 8: SILVA FILHO, R. L. L.; LOBO, M. B.; CARDO-SO, J. R.; PERRENOUD, R. *Engenheiros para quê?* formação e profissão do engenheiro no Brasil. 1. ed. São Paulo: Edusp, 2020.
3. McMASTERS, J. H.; KOMERATH, N. *Boeing-University Relations*: a review and prospects for the future. The Boeing Company/Georgia Institute of Technology. *Proceedings* of the 2005 American Society for Engineering Education Annual Conference & Exposition, Portland, June 2005.

Índice Alfabético

G

Gestão, 42
- ambiental, 64
- de atividade da engenharia, 197

H

Habilitações ou áreas do curso de engenharia, 10
História para contar, 91

I

Ignorância, 108
Igualdade de gênero, 134
Imaginação, 62
Impactos regulatórios, 197
Imperícia, 108
Implementação, 39, 48
- da solução, 15
Inclusão, 197
Incubação de empresas, 81
Indústria(s)
- 4.0, 74
- de base, 86
Influence (influência), 129
Infraestrutura, 85
Iniciativa, 59
Inmetro, 112, 114
Inovação, 12
Instituições eficazes, 134
Integração do projeto, 37
Inteligência
- artificial, 122, 130
- emocional, 145
Interdisciplinaridade, 52, 54

J

Justiça, 134
Justificativa, 100

L

Líder que inspira, 156
Liderança, 64, 156